智能制造高端工程技术应用人才培养
新形态一体化教材

基于ROS的机器人系统设计与开发

JIYU ROS DE JIQIREN XITONG
SHEJI YU KAIFA

主　编　林燕文　李刘求　杨潮喜

中国教育出版传媒集团
高等教育出版社·北京

内容简介

　　本书是智能制造高端工程技术应用人才培养新形态一体化教材之一。本书共分为 7 章，包括控制系统开发平台介绍、ROS 简介、ROS 的初步操作、机器人模型的创建、机器人控制环境的建立、机器人运动控制和 ROS 的应用。本书以移动机械臂的搭建、仿真与编程为突破口，系统介绍了 ROS 开发过程中各个工具的使用及开发流程。

　　本书可作为机器人工程、智能制造工程、机械工程、工业机器人技术、机械设计制造及其自动化等专业的教材，也可作为工程技术与机器人研发设计人员的参考资料和培训用书。

图书在版编目（ＣＩＰ）数据

　　基于 ROS 的机器人系统设计与开发 / 林燕文，李刘求，杨潮喜主编. --北京：高等教育出版社，2023.11
　　ISBN 978-7-04-053854-0

　　Ⅰ.①基… Ⅱ.①林… ②李… ③杨… Ⅲ.①机器人-操作系统-程序设计-高等职业教育-教材 Ⅳ.①TP242

　　中国版本图书馆 CIP 数据核字（2020）第 043087 号

JIYU ROS DE JIQIREN XITONG SHEJI YU KAIFA

| 策划编辑 | 曹雪伟 | 责任编辑 | 曹雪伟 | 封面设计 | 姜 磊 | 版式设计 | 徐艳妮 |
| 插图绘制 | 于 博 | 责任校对 | 张慧玉 窦丽娜 | | | 责任印制 | 田 甜 |

出版发行	高等教育出版社	网　　址	http://www.hep.edu.cn
社　　址	北京市西城区德外大街 4 号		http://www.hep.com.cn
邮政编码	100120	网上订购	http://www.hepmall.com.cn
印　　刷	涿州市京南印刷厂		http://www.hepmall.com
开　　本	787mm×1092mm　1/16		http://www.hepmall.cn
印　　张	12.75		
字　　数	310 千字	版　　次	2023 年 11 月第 1 版
购书热线	010-58581118	印　　次	2023 年 11 月第 1 次印刷
咨询电话	400-810-0598	定　　价	39.80 元

本书如有缺页、倒页、脱页等质量问题，请到所购图书销售部门联系调换
版权所有　侵权必究
物 料 号　53854-00

前 言

一、编写起因

智能机器人需要具备强健的"肢"、明亮的"眼"、灵巧的"嘴"以及聪慧的"脑"。这一切的实现实际上涉及诸多技术领域，需要艰辛的设计、开发与调试过程，必然会遇到棘手的问题和挑战。然而一个小型的开发团队难以完成机器人各个方面的开发工作，因而需要一个合作开发的框架与模式，以期能够快速集成已有的功能，省却重复劳动的时间。

ROS（Robot Operating System，机器人操作系统）是一个让机器人能够运作起来的开源程序框架。ROS 诞生的初衷是能够为那些制作和使用机器人的人提供通用的软件平台。这个平台能够让人们更加便捷地分享代码与想法，这意味着你让机器人动起来变得更简单了。

二、本书特点

本书以移动机械臂的搭建、仿真与编程为突破口，系统介绍了 ROS 开发过程中各个工具的使用及开发流程。本书将知识点和技能点融入项目实施中，以满足工学结合、项目引导、教学一体化的教学需求。

随着产教融合建设的推进，智能制造专业系列教材按照教育部"一体化设计、结构化课程、颗粒化资源"的逻辑建设理念，本书系统地规划了教材的结构体系，课程以学习行为为主线。

本书共分为 7 章，包括控制系统开发平台介绍、ROS 简介、ROS 的初步操作、机器人模型的创建、机器人控制环境的建立、机器人运动控制和 ROS 的应用。

三、致谢

本书由林燕文、李刘求、杨潮喜任主编，彭赛金、陈南江任副主编。

在本书的编写过程中，北京华晟智造科技有限公司给与编写工作大力支持及指导，在此郑重致谢。

由于技术发展日新月异，加之编者水平有限，对于书中不妥之处，恳请广大师生批评指正。

编 者
2022 年 1 月

目 录

第一章 控制系统开发平台介绍

1.1 服务机器人行业现状分析

服务机器人（如图1-1所示）的发展与所处的机器人行业密切相关。我国的机器人研究是从20世纪70年代开始的，至今已有40多年，到目前为止大体分为三个时期：孕育期、规划发展期及拓广发展期。

图 1-1　服务机器人

目前，我国的家用服务机器人主要有吸尘器机器人、教育机器人、娱乐机器人、保安机器人、智能轮椅机器人、智能穿戴机器人、智能玩具机器人。随着我国服务机器人的发展诞生了一批为服务机器人提供核心控制器、传感器和驱动器功能部件的企业。

随着工信部2013年511号文《关于推进工业机器人产业发展的指导意见》的发布，全国各地陆续出台了机器人发展的指导意见，从地方政府到民间资本，掀起了一股机器人热潮。

与之相伴的是，机器人产业园遍地开花。统计显示，全国已建或拟建的机器人相关的产业园已超过 30 个。

1.1.1 服务机器人整体市场规模

据前瞻产业研究院发布的《服务机器人行业发展前景与投资战略规划分析报告》数据显示，近年来，中国服务机器人销售额呈逐年快速增长，如图 1-2 所示。2012 年中国服务机器人销售额约为 52.9 亿元，2016 年中国服务机器人销售额上升至 111.2 亿元，占全球的服务机器人销售额 22.13%。

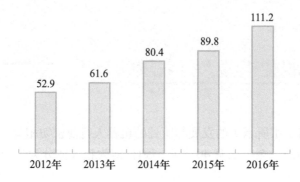

图 1-2　2012—2016 年中国服务机器人市场规模（单位：亿元）

中国专业服务机器人市场规模如图 1-3 所示。2012 年中国专业服务机器人销售额约为 30.2 亿元；2016 年中国专业服务机器人销售额约为 42.2 亿元，同比 2015 年增长 16.67%。

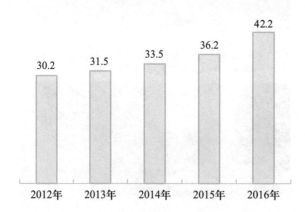

图 1-3　2012—2016 年中国专业服务机器人市场规模（单位：亿元）

1.1.2 个人 / 家用服务机器人市场规模

如图 1-4 所示，2012 年中国个人 / 家用服务机器人销售额约为 22.8 亿元；2016 年中国个人 / 家用服务机器人销售额约为 69.0 亿元，同比 2015 年增长 28.75%。

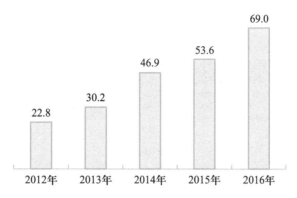

图 1-4　2012—2016 年中国个人 / 家用服务
机器人市场规模（单位：亿元）

1.2 机器人控制系统开发平台

机器人控制系统的设计是机器人开发的核心，它决定了机器人的运动性能。机器人控制系统的设计需要在算法层面对机器人的运动学和动力学进行分析，控制机器人的速度；对机器人传递函数进行分析，控制机器人的稳定性和快速响应性。除算法外，机器人控制系统的设计还需要选择好的开发平台实现上述算法，并且保证软件的可靠性。常用的机器人控制系统的开发平台有 Codesys，Orocos，MRDS，ROS 等，它们都有各自的特点。

1.2.1　Codesys（Controller Development System）

Codesys 是德国 3S 公司开发的，独立于硬件平台，并且能够满足可重构需求的开放式全集成化的商用软件开发平台。它是基于 Microsoft.NET 技术进行构建的，主要分为应用开发层、通信层以及设备层。Codesys 可根据用户的具体需求将不同自动化厂商提供的产品和系统进行组合配置后统一编程，从而实现控制系统的开放性和可重构性。同时，它也支持多种现场总线协议例如 CANopen，Profibus，DeviceNet，Modbus 等。Codesys 凭借其强大的技术优势，使 Codesys 自动化联盟成员的不同控制装置可以运行在 Codesys 控制的同一个项目中，这样大大方便了系统的集成。

Codesys 的编程语言主要支持完整版本的 IEC61131–3 标准编程语言，例如 IL、ST、FBD、LD、CFC、SFC 等。用户可以在同一项目中选择不同的语言编辑子程序和功能模块。Codesys 中的 Codesys Soft Motion 软件包可将逻辑控制和运动控制合二为一，如图 1-5 所示，完美地实现从单轴运动到复杂多轴轨迹插补的编程和控制。

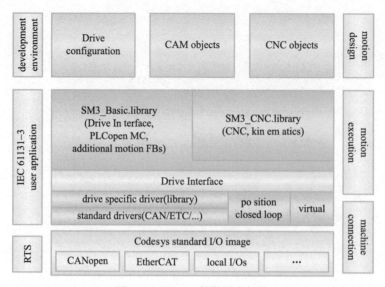

图 1-5　Codesys 软件平台架构

Codesys 已经发展为一个标准的软件平台，并且被很多硬件厂商支持，可编程超过 150 家 OEM（代工）生产的自动化装置，同时 Codesys 提供完全开放的构件接口和库的编程模块，方便用户轻松实现基于特定行业或特种工艺需求的深度二次开发，并完全支持用户集成自有的开发工具和工艺模块，从而开发出客户拥有自主知识产权的编程开发环境，例如奥地利的 KEBA 系统，ABB 的 AC500 系统以及和利时的 G3 系统等。

1.2.2 Orocos（Open Robot Control Software）

Orocos 是一个用来构建实时控制软件的 C++ 框架，适合开发机器人或者机器的控制软件。它支持 Linux 平台，属于开源项目，可以免费使用。Orocos 由以下四个 C++ 库构成，如图 1-6 所示。

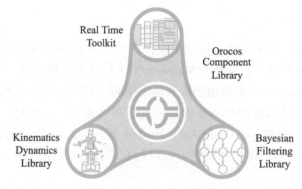

图 1-6　Orocos 的 C++ 库

实时工具集（Real Time Toolkit，RTT）：提供了基础机能，支持使用 C++ 构建机器人应用，擅长实时、在线交互及基于组件式的应用；

Orocos 组件库（Orocos Component Library，OCL）：提供了封装好的控制模块，如硬件接口

模块、控制模块及模块管理工具等；

运动与动力学组件（Kinematics Dynamics Library，KDL）：C++ 的函数库，提供实时的动力学约束计算；

贝叶斯过滤库（Bayesian Filtering Library，BFL）：基于动态贝叶斯网络理论推导所得出的库，这个理论可以做递归信息处理及基于贝叶斯规则的算法评估，如卡尔曼滤波、粒子滤波算法等。

由于机器人控制领域的广泛性和多向性，Orocos 的目标是针对四类开发者：一是架构级构建者，他们主要是提供底层的代码来支持应用的开发；二是组件级构建者，他们可以使用下层架构描述服务的接口，并在其他应用中提供一个或多个功能的实现方法；三是应用级构建者，他们使用底层架构及组件，将应用整合到特殊的应用中；四是最终用户，使用应用级构建者创造的产品进行编程并执行特定的任务。

1.2.3　MRDS（Microsoft Robotics Developer Studio）

MRDS 是由微软公司开发的，基于 Windows 环境、服务框架结构及网络化的机器人控制仿真平台，主要针对学术研究、爱好者学习以及商业开发，并支持大量的机器人软硬件。

MRDS 的架构如图 1-7 所示，其软件开发包允许开发者在大量不同的硬件平台上创建服务，可视化编程语言（VPL）可以让任何人非常容易地创建和调试机器人应用程序，同时 MRDS 提供了一套可视化模拟工具，允许在基于真实物理条件的三维虚拟环境中测试机器人的应用程序。此外还可以使用基于 Windows 或者 Web 的界面与机器人交互，进行远程勘测。

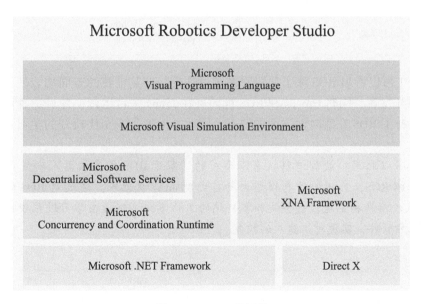

图 1-7　MRDS 的架构

MRDS 使用基于 .NET 框架结构下的 VPL 可视化编程语言和 C# 面向编程语言进行机器人软件开发，它们使异步编程变得简单，并且可以使用简单的组件建立高级功能，提高代码复用率和可靠性。

1.2.4 ROS（Robot Operating System）

ROS（开源机器人系统）起源于 2007 年斯坦福大学人工智能实验室与 Willow Garage 机器人公司之间关于机器人的合作，2008 年之后由 Willow Garage 公司进行推动并于 2010 年发布，随后在机器人研究领域掀起了使用和学习的热潮。

ROS 是一种机器人的次级操作系统，其主要设计目标是提高代码的复用率和机器人的开发效率，在科研、服务机器人及工业机器人等领域都有应用。

ROS 使用点对点设计，它可以使运行在多个不同主机间的进程在运行过程中通过端对端的拓扑结构进行联系。ROS 使用节点（nodes）控制方式，使可执行文件能被单独设计，在运行时松散耦合，实现较强的鲁棒性。依靠点对点设计及节点控制方式等机制可以分散由计算机视觉和语音识别等功能带来的实时计算压力，从而实现多机器人同步运行。

各种机器人研发平台都有各自的优势，其特性如表 1-1 所示。

表 1-1　各种机器人研发平台特性

平台 特性	运行平台	开源	免费	多语言支持	硬件支持 范围	实时 系统
Codesys	Windows & Linux			IEC61131 标准 PLC 语言	广	√
Orocos	Linux	√	√	C++	中	√
MRDS	Windows		√	C#，VPL	广	
ROS	Linux	√	√	C++，Java，Python， Octave，LISP 等	广	

通过表 1-1 可以看出 ROS 除了非实时系统特性外，在其他特性方面均表现良好，适用于学习者和应用开发者，同时 Orocos 和 ROS 都同可在 Linux 平台运行，并且二者可以通过桥接进行通信，弥补了 ROS 在实时性方面的缺陷。因此，ROS 是一个比较好的学习和开发机器人软件的平台。

注意：本书以北京华晟智造科技有限公司的"基于 ROS 的多机器人研发调试平台"为硬件基础，介绍 ROS，应用的仿真模型为七自由度 mra7 机器人。通过对 ROS 的学习进而了解 ROS 的节点、消息和主题、服务端和客户端的工作方式，然后在学习过程中使用 Moveit 和 Gazebo 等第三方软件，实现对机器人的控制。

第二章

ROS 简介

2.1　ROS 发展

随着机器人领域的快速发展和复杂化，代码的复用性和模块化的需求越来越强烈，而已有的开源机器人系统又不能很好地适应需求。因此，2010 年由 Willow Garage 公司发布了开源机器人操作系统 ROS 目前该系统由 OSRF（Open Source Robotics Foundation）公司维护。

ROS 是用于机器人的一种次级操作系统。它提供类似操作系统的大部分功能，包含硬件抽象描述、底层驱动程序管理、共用功能的执行、程序间的消息传递、程序发行包管理，它也提供一些工具程序和库用于获取、建立、编写和运行多机整合的程序。

2.1.1　ROS 的设计目标

ROS 的首要设计目标是便于在机器人研发领域提高代码的复用。因此，ROS 是一种分布式处理框架，这使得可执行文件能被单独设计，并且在运行时松散耦合。这些进程可以封装到数据包（Packages）和堆栈（Stacks）中，以便于共享和分发。ROS 还支持代码库的系统联合，使得协作亦能被分发。

为了实现"共享与协作"这一目标，人们制订了 ROS 架构中的其他支援性目标：

（1）轻便：ROS 的设计尽可能方便简易。因为 ROS 编写的代码可以用于其他机器人软件框架中，所以使用时不必替换主框架与系统。因此，ROS 更易集成于其他机器人软件框架。事实上 ROS 已完成与 OpenRAVE、Orocos 和 Player 的整合。

（2）ROS-agnostic 库：使用 clear 的函数接口书写 ROS-agnostic 库。

（3）语言独立性：ROS 框架可以在很多编程语言环境中执行，已经在 Python 和 C++ 中顺利运行，同时添加有 Lisp、Octave 和 Java 语言库。

（4）测试简单：ROS 拥有一个内建单元 / 集成测试框架，称为"ROStest"，这使得集成调试和分解调试很容易。

（5）扩展性：ROS 适用于大型实时系统与大型程序的系统开发项目。

下面简单列举几个使用 ROS 能够解决的机器人软件开发问题。

1. 分布式计算

现代机器人系统往往需要多个计算机同时运行多个进程,例如:一些机器人搭载多台计算机,每台计算机用于控制机器人的部分驱动器或传感器;即使只有一台计算机,通常仍将程序划分为独立运行且相互协作的小模块来完成复杂的控制任务,这也是常见的做法;当多个机器人需要协同完成一个任务时,往往需要互相通信来支撑任务的完成;用户通常通过计算机或者移动设备发送指令控制机器人,这种人机交互接口可以认为是机器人软件的一部分。

单计算机或者多计算机不同进程间的通信问题是上述例子中的主要难点。ROS 为实现上述通信提供了两种相对简单、完备的机制,分别是消息(Topic)和服务(Service)。

2. 软件复用

随着机器人研究的快速推进,诞生了一批应对导航、路径规划、建图等通用任务的算法。当然,任何一个算法使用的前提是其能够应用于新的领域,且不必重复实现。事实上,如何将现有算法快速移植到不同系统一直是一个挑战,ROS 通过以下两种方法解决这个问题:一种是通过 ROS 标准包(Standard Package)提供稳定、可调试的各类重要机器人算法;另一种是 ROS 通信接口正在成为机器人软件互操作的事实标准,也就是说绝大部分最新的硬件驱动和最前沿的算法都可以在 ROS 中找到。例如,在 ROS 的官方网站上有着大量的开源软件库,这些软件使用 ROS 通用接口,从而避免为了集成它们而重新开发新的接口程序。

综上所述,开发人员如果使用 ROS 可以在具备 ROS 基础知识后将更多的时间用于新思想和新算法的设计与实现,尽量避免重复实现已有的研究成果。

3. 快速测试

机器人软件开发比其他软件开发更具挑战性,主要是因为调试准备时间长,且调试过程复杂。而且,因为硬件维修、经费有限等因素,不一定随时有机器人可供使用。ROS 提供两种策略来解决上述问题:一种是精心设计的 ROS 系统框架将底层硬件控制模块和顶层数据处理与决策模块分离,从而可以使用模拟器替代底层硬件模块,独立测试顶层部分,提高测试效率;另一种是 ROS 提供了一种可以在调试过程中记录传感器数据及其他类型的消息数据,并在试验后可以按时间戳回放的方法。通过这种方法,每次运行机器人可以获得更多的测试机会。例如,可以记录传感器的数据,并通过多次回放测试不同的数据处理算法。采用上述方案的一个最大优势是实现代码的"无缝连接",因为实体机器人、仿真器和回放数据包可以提供同样的接口,上层软件不需要修改就可以与它们进行交互,实际上甚至不需要知道操作的对象是不是实体机器人。

ROS 的运行架构是一种使用 ROS 通信模块实现模块间点对点(P2P)的松耦合网络连接的处理架构,它执行若干种类型的通信,包括基于 Service 的同步 RPC(远程过程调用)通信、基于 Topic 的异步数据流通信,还有参数服务器上的数据存储。但是 ROS 本身并没有实时性。

2.1.2 ROS 的主要特点

ROS 的主要特点可以归纳为以下几点：

1. 点对点设计

一个基于 ROS 的系统包括一系列进程，这些进程在运行过程中通过端对端的拓扑结构与多个主机进行联系。虽然基于中心服务器的软件框架也可以实现多进程和多主机的功能，但是在这些框架中，当各计算机通过不同的网络进行连接时，中心服务器就会产生问题。

如图 2-1 所示，ROS 的点对点设计以及节点控制方式等机制可以分散由机器人视觉（vision）、地图导航（map）等功能带来的实时计算压力，能够适应多机器人遇到的挑战。同时，这样的设计也有利于实现机器人本体和后台服务器的设计理念。

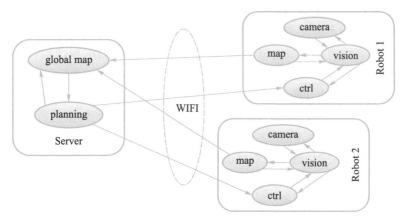

图 2-1　点对点设计

2. 多语言支持

在编写代码时，许多编程者会比较偏向于使用某一种编程语言。这些偏好是由于每种语言的编程时间、调试效果、语法、执行效率以及各种技术和文化的不同导致的结果。为了解决这些问题，将 ROS 设计成了语言中立性的框架结构。ROS 现在支持多种语言，如图 2-2 所示，如 Python、Java、Octave、C++ 和 Lisp，也包含其他多种语言的接口。

图 2-2　多语言支持

ROS 的特殊性主要体现在消息通信层，而不是更深的层次。端对端的连接和配置利用 XML–RPC（远程过程调用协议）机制进行实现，XML–RPC 也包含了大多数语言的合理实现描述。实际中，希望 ROS 能够利用各种语言实现得更加自然，更符合各种语言的语法约定，而不是基于 C 语言给各种其他语言提供接口。在某些情况下利用已经存在的库封装后支持更多新的语言是很方便的，例如 Octave 的客户端是通过 C++ 的封装库进行实现的。

3. 精简与集成

大多数已经存在的机器人软件工程都包含了可以在工程外重复使用的驱动和算法，但是由于多方面的原因，大部分代码的中间层都过于混乱，以至于很难提取出它的功能，也很难把它们从原型中提取出来应用到其他方面。

为了应对这种趋势，鼓励将所有的驱动和算法逐渐发展成为和 ROS 没有依赖性的单独库。ROS 建立的系统具有模块化的特点，各模块中的代码可以单独编译，而且编译使用的 CMake 工具使它很容易实现精简的理念。ROS 将复杂的代码封装在库里，只是创建了一些为 ROS 显示库功能的小应用程序，允许对简单的代码超越原型进行移植和重新使用。当代码在库中分散后单元测试也变得非常的容易，一个单独的测试程序可以测试库中很多的特点。

ROS 利用了很多已有的开源项目代码，它不修改用户的 main（）函数，所以代码可以很方便地移植到其他的机器人软件上。这样使得 ROS 很容易和其他辅助机器人软件相融合，例如从 Player 项目中借鉴了驱动、运动控制和仿真方面的代码，从 OpenCV 中借鉴了视觉算法方面的代码，从 OpenRAVE 中借鉴了规划算法的代码，还有很多其他的项目。在每一个实例中，ROS 都用来显示多种多样的配置选项以及和各软件之间进行数据通信，也同时对它们进行微小的包装和改动。ROS 可以不断地从社区维护中进行升级，包括从其他的软件库、应用补丁中升级 ROS 的源代码。

4. 工具包丰富

为了管理复杂的 ROS 软件框架，ROS 利用大量的小工具去编译和运行多种多样的 ROS 组件，从而设计成内核，而不是构建一个庞大的开发和运行环境。

这些工具担任了各种各样的任务。例如，组织源代码的结构，获取和设置配置参数，形象化端对端的拓扑连接，测量频带使用宽度，描绘信息数据，自动生产文档等。尽管已经测试通过如全局时钟和控制器模块等记录器的核心服务，但还是希望能把所有的代码模块化，因为在效率上的损失远远是稳定性和管理的复杂性无法弥补的。

5. 免费并且开源

ROS 所有的源代码都是公开发布的，这必定促进 ROS 软件各层次的调试，不断地改正错误。虽然像 Microsoft Robotics Studio 和 Webots 这样的非开源软件也有很多值得称赞的属性，但是一个开源的平台也是无可替代的。当硬件和各层次的软件同时设计和调试时，开源这一点是尤其重要的。

ROS 以分布式的关系遵循着 BSD 许可协议（BSD 开源协议），也就是说允许各种商业和非商业的工程进行开发。ROS 通过内部处理的通信系统进行数据的传递，不要求各模块在同样的可执行功能上连接在一起。因此，利用 ROS 构建的系统可以很好地使用它们丰富的组件。个别的模块可以包含被各种协议保护的软件，这些协议包括 GPL（GNU 通用公共许可证）和

BSD 等，但是许可的一些"污染物"将在模块分解时完全消灭掉。

2.1.3 ROS 的发行版本

ROS 的主要版本称为发行版本，其版本号以顺序字母作为版本名的首字母来命名。从 2008 年至 2013 年，ROS 主要由 Willow Garage 公司管理维护，但这并不意味着 ROS 是封闭的系统，相反，它是由众多学校及科研机构联合开发及维护的，这种联合开发模式也为 ROS 系统生态的构建和壮大带来有力的促进。2013 年，Willow Garage 公司被 Suitable Technologies 公司收购，此前几个月，ROS 的开发和维护管理工作被移交给了新成立的开源基金会 Open Source Robotics Foundation。下面介绍几个主要的发行版本：

在 2009 年初推出了 ROS0.4 版本，现在所用系统的框架在这个版本中已初具雏形。经过近一年的测试后，于 2010 年初推出了 ROS1.0 版本。

在 2010 年 3 月推出了正式发行版本：ROS BoxTurtle 版本，如图 2-3 所示。

在 2011 年 8 月发布了 ROS ELECTRIC EMYS 版本，如图 2-4 所示。

图 2-3　ROS Box Turtle 版本

图 2-4　ROS ELECTRIC EMYS 版本

在 2012 年 12 月发布了 ROS GROOVY GALAPAGOS 版本，如图 2-5 所示。

在 2014 年 7 月发布了 ROS INDIGO IGLOO 版本，如图 2-6 所示。

在 2015 年 5 月发布了 ROS JADE TURTLE 版本，如图 2-7 所示。

在 2016 年 5 月发布了 ROS KINETIC KAME 版本，如图 2-8 所示。

截止到 2017 年 5 月已经发行了 11 个版本，最新版本是 ROS LUNAR LOGGERHEAD，如图 2-9 所示。

图 2-5　ROS GROOVY GALAPAGOS 版本

图 2-6　ROS INDIGO IGLOO 版本

图 2-7　ROS JADE TURTLE 版本

图 2-8　ROS KINETIC KAME 版本

ROS 的旧版本号包括 LUNAR、KINETIC、JADE、INDIGO、KINETIC、GROOVY、FEURTE、ELECTRIC、DIAMONDBACK、C Turtle 和 BOX TURTLE。 随着 ROS 版本的更新，它的编译系统也发生了改变，在 GROOVY 及之前的版本中，ROS 采用 ROSbuild 编译系统来完成软件的编译，而在新的版本中，则改用 Catkin 编译系统。

图 2-9　ROS LUNAR LOGGERHEAD 版本

2.2　ROS 的系统架构

根据 ROS 系统代码的维护者和分布来标识，ROS 主要有两大部分，一部分是核心部分，也是主要部分，一般称为 main，主要由 Willow Garage 公司和一些开发者设计提供与维护。它提供了一些分布式计算的基本工具，以及整个 ROS 的核心部分的程序编写。这部分内容即被存储在计算机的安装文件中。另一部分是全球范围的代码，被称为 universe，由不同国家的 ROS 社区组织开发和维护。这一部分是库的代码，如 OpenCV、PCL 等；库的上一层是从功能的角度提供的代码，如人脸识别等，它们调用各种库来实现这些功能；最上层的代码是应用级代码，称为 apps，可以让机器人完成某一确定的功能。

一般从另一个角度对 ROS 进行分级，主要分为三个级别：计算图级、文件系统级和社区级。

2.2.1　计算图级

计算图级是 ROS 处理数据的一种点对点的网络形式。程序运行时，所有进程及它们所进行的数据处理，会通过一种点对点的网络形式表现出来，将通过节点、节点管理器、主题、服务等来进行表现。这一级中基本概念包括：节点、节点管理器、参数服务器、消息、主题、服务和消息记录包。这些概念以各种形式来提供数据。

1. 节点

节点就是一些执行运算任务的进程。ROS 利用规模可增长的方式使代码模块化，一个系统就是由很多节点组成的。在这里，节点也可以被称为"软件模块"，使用"节点"使得基于 ROS 的系统在运行时更加形象化。当许多节点同时运行时，可以很方便地将点对点的通信绘制成一个图表，在这个图表中，进程就是图中的节点，而点对点的连接关系就是其中弧线连接。

2. 节点管理器

节点管理器为其他计算图提供了名称注册和查找的功能。没有节点管理器，节点将不能互相找到，也不能进行消息交换或者调用服务。比如控制节点发布/订阅消息的模型和控制服务的模型分别如图 2-10 所示和如图 2-11 所示。

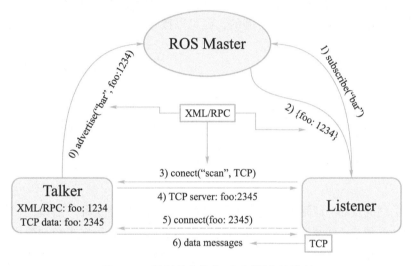

图 2-10　控制节点发布 / 订阅消息的模型

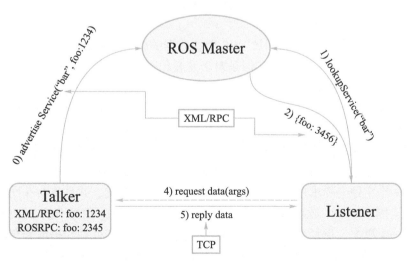

图 2-11　控制服务的模型

3. 参数服务器

参数服务器允许数据通过在一个中心位置的关键词来存储。目前它是节点管理器的一部分。

4. 消息

节点之间通过消息来互相通信。一个消息是一个由类型域构成的简单的数据结构。它以基本的阵列形式支持标准的原始数据类型（像整型、浮点型、布尔型等），同时也支持原始数组类型。消息可以包含任何嵌套的结构和阵列。

5. 主题

如图 2-12 所示，消息通过一个带有发布和订阅功能的传输系统来传递。一个节点通过把消息发送到一个给定的主题（Topic）来发布一个消息。主题是用于识别消息内容的名称。一个节点对某一类型的数据感兴趣，它只需要订阅相关的主题即可。一个主题可能同时有很多的并行主题发布者（talker）和主题订阅者 listener，一个节点可以发布和订阅多个主题。一般来说，主题发布者和主题订阅者不了解对方的存在。主题发布者将消息发布在一个全局的工作区内，当主题订阅者发现该消息是它所订阅的，就可以接收这个消息。

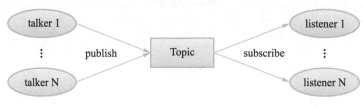

图 2-12 消息传递方式

6. 服务

虽然基于主题的发布 / 订阅模式是很灵活的通信模式，但是这种广播式的传输方式对于可以简化节点设计的请求 / 回复交互方式并不适合，请求 / 回复交互方式经常被用于分布式系统中。请求 / 回复通过服务来进行，其中服务被定义为一对消息结构：一个用于请求，一个用于回复。一个节点提供了某种名称的服务，一个客户通过发送请求消息并等待响应来使用服务。ROS 客户端库通常把这种交互表现为类似一个远程程序调用。

7. 消息记录包

消息记录包是一种用于保存和回放 ROS 消息数据的格式。消息记录包是检索传感器数据的重要机制，这些数据虽然很难收集，但是对于发展和测试算法很有必要。

ROS 节点管理器的作用就像是 ROS 计算图级中的名称服务。ROS 的控制器给 ROS 的节点存储了主题和服务的注册信息。节点与控制器通信从而报告它们的注册信息。当这些节点与控制器通信的时候，它们可以接收关于其他已注册节点的信息并且建立与其他已注册节点之间的联系。当这些注册信息改变时控制器也会回馈这些节点，同时允许节点动态创建与新节点之间的连接。

节点可以和其他节点直接相连。节点管理器仅仅提供查询信息，就像一个 DNS 域名服务器。节点订阅一个主题会要求建立一个与发布该主题节点的连接，并且将会在同意连接协议的基础上建立该连接。ROS 中最通用的协议是 TCPROS。TCPROS 采用标准的 TCP/IP 套接字。

当构建了一个更大、更复杂的系统时，这种架构通过名称来处理和提取繁杂的消息。因此名称在 ROS 中具有非常重要的作用：节点、主题、服务和参数都有名称。每一个客户端都支持名称的命令行再映射，这意味着一个编译过的程序可以在运行时被重新构建，以便于在不同的计算图级拓扑结构中操作。

2.2.2 文件系统级

　　ROS 文件系统级指的是可以在硬盘上查看 ROS 源代码的组织形式。如图 2-13 所示，ROS 中有无数的节点（Node）、消息（Messages）、服务（Servics）、工具（Tools）和库文件（Libraries），需要有效的结构去管理这些代码。ROS 的文件系统级中有两个重要概念：包（Package）和堆（Stack）。

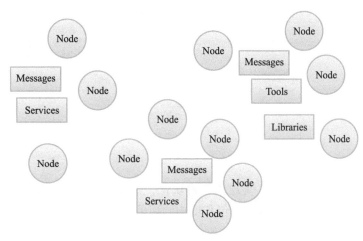

图 2-13　ROS 文件系统级

1. 包

　　ROS 中的软件以包的方式组织起来。如图 2-14 所示，包（Package）包含节点（Nodes）、消息（Messages）、服务（Services）、数据库（Libraries）、第三方软件或者组织在一起的任何其他工具文件（Tools）。包的目标是提供一种易于使用的结构以便于软件的重复使用。总的来说，ROS 的包很小。

图 2-14　包的构成

2. 堆

堆是包的集合，如图 2–15 所示，它提供一个完整的功能，例如像 "navigation stack"。堆与版本号关联，同时也是如何发行 ROS 软件方式的关键。

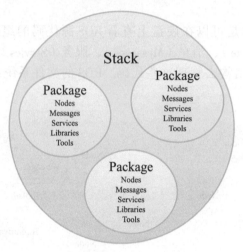

图 2–15　Stack 的结构

ROS 是一种分布式处理框架，实现代码模块化，这使可执行文件能被单独设计，并且在运行时松散耦合。这些过程可以封装到包和堆中，以便于共享和分发。图 2–16 是包和堆在文件中的具体结构。

其中，package.xml（package manifest）提供关于 Package 的元数据，包括它的许可信息和 Package 之间的依赖关系，以及语言特性信息，例如编译优化参数。

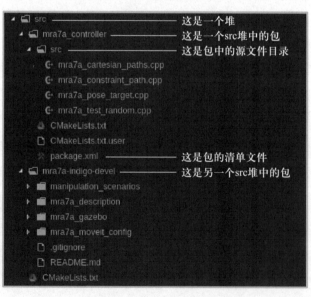

图 2–16　包和堆在文件中的具体结构

2.2.3 社区级

1. 社区级组成

ROS 的社区级概念是 ROS 网络上进行代码发布的一种表现形式。其结构如图 2-17 所示。

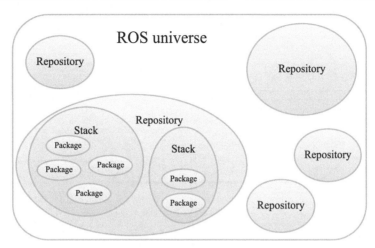

图 2-17　ROS 社区级的结构

因为 ROS 为了最大限度地提高社区参与度，使它能够快速地发展，不再是由少数设计者来存放、更新和维护 ROS 代码，而采用软件仓库的模式来处理。每个研究所和组织会以软件仓库为单位来发布代码。正是因为这种分布式结构，使得 ROS 迅速发展，软件仓库中包的数量指数级增加。

2. 发行版本

ROS 的发行版本是一系列带有版本号的功能包集，可以用来安装 ROS。ROS 的发行版本类似于 Linux 的发行版本。这使得安装一个软件集合更容易，并且通过一个软件集合来维持一致的版本。

3. 软件版本仓库

ROS 依赖于一个软件版本仓库组织运行。该软件版本仓库被各个研究所和组织用来发展和发布他们自己的机器人软件组件。

4. 社区百科

ROS 社区百科是用于记录 ROS 文档信息的主要论坛。任何人都可以注册账号并发布自己的文档，修正、更新或编写教程等。

5. 邮件列表

邮件列表是主要的社区通信渠道，用于 ROS 更新和提问的论坛等。

第三章   ROS 的初步操作

3.1   ROS 的文件管理

3.1.1   创建工作空间（WorkSpace）

在开始所有编程工作之前，首先要创建一个 catkin_ws，即 catkin 工作空间，需要创建这样一个工作空间的原因与这个 catkin 工具有关。

创建一个 catkin 工作空间：

```
$ mkdir -p~/catkin_ws/src
$ cd~/catkin_ws/src
$ catkin_init_workspace
```

初始化工作空间，创建了一个 catkin_ws 工作空间，如图 3-1 所示。

```
huatec@huatec-virtual-machine:~$ mkdir -p ~/catkin_ws/src
huatec@huatec-virtual-machine:~$ cd ~/catkin_ws/src
huatec@huatec-virtual-machine:~/catkin_ws/src$ catkin_init_workspace
Creating symlink "/home/huatec/catkin_ws/src/CMakeLists.txt" pointing to "/opt/r
os/kinetic/share/catkin/cmake/toplevel.cmake"
```

图 3-1   catkin_ws 工作空间

在该空间下有一个 src 文件夹，即使这个工作空间是空的（在"src"目录中没有任何软件包，只有一个 CMakeLists.txt 链接文件），依然可以编译它：

```
$ cd~/catkin_ws/
$ catkin_make
```

执行完该命令后，如图 3-2 所示。

直到程序运行到如图 3-3 所示，表示程序编译成功。

```
huatec@huatec-virtual-machine:~/catkin_ws$  catkin_make
Base path: /home/huatec/catkin_ws
Source space: /home/huatec/catkin_ws/src
Build space: /home/huatec/catkin_ws/build
Devel space: /home/huatec/catkin_ws/devel
Install space: /home/huatec/catkin_ws/install
####
#### Running command: "cmake /home/huatec/catkin_ws/src -DCATKIN_DEVEL_PREFIX=/h
ome/huatec/catkin_ws/devel -DCMAKE_INSTALL_PREFIX=/home/huatec/catkin_ws/install
-G Unix Makefiles" in "/home/huatec/catkin_ws/build"

-- The C compiler identification is GNU 5.4.0
-- The CXX compiler identification is GNU 5.4.0
-- Check for working C compiler: /usr/bin/cc
-- Check for working C compiler: /usr/bin/cc -- works
-- Detecting C compiler ABI info
-- Detecting C compiler ABI info - done
-- Detecting C compile features
-- Detecting C compile features - done
-- Check for working CXX compiler: /usr/bin/c++
-- Check for working CXX compiler: /usr/bin/c++ -- works
-- Detecting CXX compiler ABI info
```

图 3-2   编译程序

```
####
#### Running command: "make -j1 -l1" in "/home/huatec/catkin_ws/build"
####
```

图 3-3   程序编译成功

查看当前路径，会发现该空间除了 src 文件夹，又多了 build 和 devel 文件夹，如图 3-4所示。

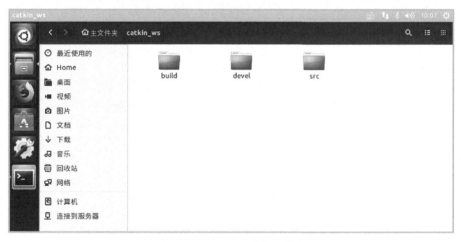

图 3-4   catkin_ws 内部文件夹

这两个文件夹中是一些配置信息、编译信息等。devel 文件夹包含几个 setup.sh 文件。Source（执行）这些文件中的任何一个都可以将当前工作空间设置在 ROS 工作环境的最顶层。接下来首先执行一下新生成的 setup.sh 文件：

```
$source devel/setup.bash
```

要想保证工作空间已配置正确，需确保 ROS_PACKAGE_PATH 环境变量包含自己的工作空间目录，采用以下命令查看：

```
$ echo $ROS_PACKAGE_PATH
```

文件路径为 /home/youruser/catkin_ws/src：/opt/ROS/kinetic/share：/opt/ROS/kinetic/ stacks

其中，youruser 为用户目录。

3.1.2　包的结构

1. 包必须满足的三个要求

（1）一个包里必须包含一个 package.xml 文件，用于说明关于包的基本信息。

（2）一个包里必须包含一个 CMakeList.txt 文件。

（3）一个文件夹里只能有一个包，这意味着，不会有多个包共用相同的路径。

2. 创建一个 catkin 包

首先要进入之前创建的一个 WorkSpace 的 src 目录中。

```
$ cd~/catkin_ws/src
```

然后用 catkin_create_pkg<package_name>［depend1］［depend2］［depend3］创建一个包。

```
$ catkin_create_pkg beginner_tutorials std_msgs ROSpy ROScpp
```

依照上述命令，创建一个名为 beginner_tutorials 的包。这个包包含了一个 package.xml 和 CMakeList.txt 文件。进入 src 文件夹可以看到多了一个名为 beginner_tutotials 的包。

3. 包的依赖

（1）一级依赖

用 catkin_create_pkg 时，一些包提供了依赖。一个包直接依赖的文件有类、包、库等文件，可以使用 ROSpack 命令工具来查看一级依赖包。例如，运行命令：

```
$ ROSpack depends1 beginner_tutorials
```

输出：

```
ROScpp
ROSpy
Std_msgs
Message_runtime
```

上述结果列出了运行 catkin_create_pkg 命令时的一些依赖，这些依赖储存在 package.xml 文件中。

（2）间接依赖

许多情况下，包所依赖的文件可能还依赖别的文件。一个包可以有好几个间接依赖包，可以使用 ROSpack 递归检测出所有的依赖包。

用 ROSpack depends1 <name> 查询想要查询的类的依赖；用 ROSpack depends <package_name> 列出包所有依赖的对象。

例如：

```
$ ROSpack depends beginner_tutorials
```

输出：

```
Cpp_common
ROStime
ROScpp_traits
ROScpp_serialization
Genmsg
Genpy
Message_runtime
ROSconsole
Std_msgs
ROSgraph_msgs
ROScpp
ROSgraph
Catkin
ROSpack
ROSlib
```

3.2　CMakeLists.txt 文件简介

3.2.1　CMakeLists.txt 的主要部分

CMakeLists.txt 文件是 CMake 编译系统中编译软件包的输入。任何一个 CMake 编译的包包含一个或多个用于描述怎样编译代码和将代码放置到哪的 CMakeLists.txt 文件。使用 CMake 进行程序编译的时候，会根据 CMakeLists.txt 文件一步步地进行处理，然后形成一个 MakeFile 文件，系统再通过这个文件的设置进行程序的编译。

ROS 中的 CMakeLists.txt 主要包括以下几个部分：

（1）Required CMake Version（cmake_minimum_required）

（2）Package Name（project（ ））

（3）Find other CMake/Catkin packages needed for build（find_package（ ））

（4）Enable Python module support（catkin_python_setup（ ））

（5）Message/Service/Action Generator（add_message_files（ ），add_service_files（ ），add_action_files（ ））

（6）Invoke message/service/action generation（generate_messages（））

（7）Specify package build info export（catkin_package（））

（8）Libraries/Executables to build（add_library（）/add_executable（）/target_link_libraries（））

（9）Tests to build（catkin_add_gtest（））

（10）Install rules（install（））

3.2.2　CMakeLists.txt 的实例

下面，以 mra7a_random_motion 包中的 CMakeLists.txt 文件为例，解析上一小节部分内容。

1. Required CMake Version

每个 catkin CMakeLists.txt 文件都要以此开始，且 catkin 编译需要 2.8.3 版本以上的 CMake 支持，程序如下所示：

```
cmake_minimum_required(VERSION 2.8.3)
```

2. Package Name

通过 CMake 中的 project（）函数指定包的名字，在 CMake 中指定后，可在其他任何需要的地方通过使用变量 ${PROJECT_NAME} 来引用它，程序如下所示：

```
project(mra7a_random_motion)
```

3. Find other CMake/Catkin packages needed for build

这里指明构建这个 package 需要依赖的 package。需要使用 CMake 的 find_package（）函数来指明构建 project 时用到的其他 CMake package。因为使用 catkin_make 编译方式，所以至少需要 catkin 这个包，程序如下所示：

```
find_package(catkin REQUIRED)
```

如果一个包通过 find_package 被 CMake 发现，那么就会导致给出这个包信息的一些 CMake 环境变量产生，这些环境变量之后能在 CMake 脚本中用到。这些环境变量描述了包输出的头文件、源文件、库文件位置，以及包所依赖的库文件是什么。这些变量的名字遵循 <PACKAGE NAME>_<PROPERTY> 的惯例，比如：

<NAME>_FOUND：说明这个库是否被找到，如果找到就被设置为 true，否则被设置为 false；

<NAME>_INCLUDE_DIRS or <NAME>_INCLUDES：说明这个包输出头文件目录；

<NAME>_LIBRARIES or <NAME>_LIBS：说明这个包输出的库文件。

如果 project 依赖于其他的 wet packages，那么这些包自动转变为 catkin 的 COMPONENTS，这样将会很方便。例如，使用 ROScpp 包的程序如下所示：

```
find_package(catkin REQUIRED COMPONENTS ROScpp)
```

当然也可以这样写：

```
find_package(catkin REQUIRED)
find_package(ROScpp REQUIRED)
```

但是，这样写很不方便。

有时需要比较多的包时，例如：ROScpp，moveit_core，moveit_ROS_planning，moveit_ROS_planning_interface。如果写成这种方式：

```
find_package(ROScpp REQUIRED)
find_package(moveit_core REQUIRED)
find_package(moveit_ROS_planning REQUIRED)
find_package(moveit_ROS_planning_interface REQUIRED)
```

此时，每个依赖的 package 都会产生几个变量，这样很不方便。所以写成另外一种方式：

```
find_package(catkin REQUIRED COMPONENTS
    ROScpp
    moveit_core
    moveit_ROS_planning
    moveit_ROS_planning_interface
)
```

这样，它会把所有 package 里面的头文件和库文件等目录加到一组变量上，例如：catkin_INCLUDE_DIRS。这样，最终就只产生一组变量，因此就可以用这个变量查找需要的文件。

4. Enable Python module support

如果 ROS 包提供一些 Python 模块，那么就应该创建一个 setup.py 文件并调用如下函数：

```
catkin_python_setup()
```

来启用 Python 模块，这个函数应设置在调用 generate_message（）和 catkin_package（）函数之前。

5. Message/service/Action Generator

在 ROS 中，Messages（.msg）、services（.srv）、actions（.action）文件被 ROS 包编译和使用前，需要一个特殊的预处理器把它们转化为系统可以识别的特定编程语言（.h 或 .cpp）。构建系统会用所有可以使用的生成器（如，gencpp、genpy、genlisp 等）生成相应的 .cpp 或 .py 文件。这就需要提供三个宏：add_message_files、add_service_files、add_action_files来分别控制 messages、services、actions。这些宏后面必须跟着一个调用函数 generate_messages（），用来生成消息、服务或响应文件，相应的程序如下所示：

```
##Declare ROS messages,services and actions##
##Generate messages in the 'msg' folder
#add_message_files(
```

```
#    FILES
#    Message1.msg
#    Message2.msg
#)
##Generate services in the 'srv' folder
#add_service_files(
#    FILES
#    Service1.srv
#    Service2.srv
#)
##Generate actions in the 'action' folder
#add_action_files(
#    FILES
#    Action1.action
#    Action2.action
#)
##Generate added messages and services with any dependencies
listed here
#generate_messages(
#    DEPENDENCIES
#    std_msgs #or other packages containing msgs
#)
```

运用这些宏要注意以下的约束：

（1）上述这些宏必须在 catkin_package（ ）宏前面，这样才能正确地运行，即：

```
find_package(catkin REQUIRED COMPONENT…)
    add_message_files(…)
    add_service_files(…)
    add_action_files(…)
    generate_messages(…)
    catkin_package(…)
```

（2）catkin_package（ ）宏中必须有一个 CATKIN_DEPENDS 依赖于 message_runtime，即：

```
catkin_package(
…
CATKIN_DEPENDS message_runtime…
…)
```

（3）find_package（）必须依赖 message_generation 包，也可单独作为 catkin 的组成，即：

```
find_package(catkin REQUIRED COMPONENTS message_generation)
```

（4）package.xml 文件中的 build_depend 必须包含 message_generation 依赖，run_depend 必须包含 message_runtime 依赖。

（5）如果有一个包要编译 .msg 和 .srv，且可执行文件要使用它们，那么就需要增加一个明确的依赖项来自动生成 message target，这样才能按顺序进行编译，即：

```
add_dependencies(some_target ${PROJECT_NAME}_generate_messages_
cpp)
```

这里的 some_target 是 add_executable（）设置的 target 的名字。

6. Invoke message/service/action generation

catkin_package（）是一个 catkin 提供的 CMake 宏，当给构建系统指定 catkin 的特定信息时就需要这个宏，或者反过来利用它生成 pkg-config 和 CMake 文件。

这个函数必须在用 add_library（）或 add_executable（）声明 targets 之前被调用。这个函数有 5 个可选参数：

INCLUDE_DIRS：输出包的头文件目录；

LIBRARIES：从项目输出库文件；

CATKIN_DEPENDS：这个函数依赖的其他 catkin 项目；

DEPENDS：这个函数依赖的非 catkin CMake 项目；

CFG_EXTRAS：附加的配置选项。

在 mra7a 中的程序如下：

```
catkin_package(
    INCLUDE_DIRS include
    LIBRARIES mra7a_random_motion
    CATKIN_DEPENDS ROScpp
    DEPENDS system_lib
)
```

7. 指定编译的 target

编译产生的 target 有多种形式，但通常有两种可能：可被程序运行的可执行文件和在可执行文件编译和运行时要用到的库。

（1）target 的命名

target 的命名很重要，在 catkin 中 target 的名称必须是唯一的，和之前构建产生和安装的都不能相同，这只是 CMake 内部的需要。可以利用 set_target_properties（）函数将一个 target 进行重命名。例如：

```
set_target_properties(RViz_image_view
            PROPERTIES OUTPUT_NAME image_view
            PREFIX"")
```

这样就能将名为 RViz_image_view 的 target 改为 image_view。

（2）设置输出路径

ROS 中的输出路径是默认的，但是也可以通过下面的程序进行修改。

```
set_target_properties(python_module_library
PROPERTIES LIBRARY_OUTPUT_DIRECTORY
${CATKIN_DEVEL_PREFIX}/${CATKIN_PACKAGE_PYTHON_DESTINATION})
```

（3）头文件路径和库文件路径

在指定 target 之前，需要指明对 target 而言在哪里查找源文件，特别是在哪里查找头文件和库文件：

Include Paths：指明编译代码时在哪里查找头文件；

Library Paths：指明可执行文件需要的库文件在哪里。

函数 include_directories（ ）：它的参数是通过 find_package 产生的 *_INCLUDE_DIRS 变量和其他任何额外的头文件目录。例如：

```
include_directories(include ${Boost_INCLUDE_DIRS} ${catkin_
INCUDE_DIRS})
```

这里的 include 表示包里面 include 这个路径也包含在里面。

函数 link_directories（ ）用来添加额外的库的路径，但是，这并不推荐使用。因为所有的 catkin 和 CMake 的包在使用 find_package 时就已经自动添加了它们的链接信息。简单的链接可通过 target_link_libraries（ ）来进行。例如：

```
link_directories(~/my_libs)
```

（4）可执行 target

使用 CMake 的 add_executable（ ）函数指明一个被编译的可执行 target。例如：

```
add_executable(mra7a_random_motion_node src/main.cpp)
```

（5）库 target

add_library（ ）CMake 函数用来指定编译产生的库。默认的 catkin 编译产生共享库。例如：

```
add_library(mra7a_random_motion  src/${PROJECT_NAME}/mra7a_
random_motion.cpp)
```

（6）链接库

使用 target_link_libraries（）函数来指定可执行文件的链接库。这个要用在函数 add_executable（）调用的后面。一般来说，要生成一个 ROS 节点，必须添加 catkin_LIBRARIES，例如：

```
add_executable(mra7a_random_motion_node src/main.cpp)
add_library(mra7a_random_motion src/mra7a_random_motion.cpp)
target_link_libraries(mra7a_random_motion_node
        ${catkin_LIBRARIES}
)
```

该程序将可执行文件 mra7a_random_motion_node 链接到库文件 mra7a_random_motion.cpp。

8. Tests to build

使用一个特定的 catkin 宏 catkin_add_gtest（）添加测试单元。例如：

```
catkin_add_gtest(${PROJECT_NAME}-test test/test_mra7a_random_
motion.cpp)
```

9. Install rules

在编译之后，target 被放在 catkin 工作空间下的 devel 空间中。但是，通常需要将 target 安装到系统中，以使其能被其他地方使用或在一个本地文件夹下用来测试系统的安装水平，使用 CMake install（）函数就可以做到这些。CMake install（）函数有以下内容：

TARGETS：需要安装的 target；

ARCHIVE DESTINATION：静态库和 DLL（Windows）库存根；

LIBRARY DESTINATION：非 DLL 共享库和模块；

RUNTIME DESTINATION：可执行 target 和 DLL 类型共享库。

具体的适用方法如下：

```
install(TARGETS mra7a_random_motion mra7a_random_motion_node
    ARCHIVE DESTINATION ${CATKIN_PACKAGE_LIB_DESTINATION}
    LIBRARY DESTINATION ${CATKIN_PACKAGE_LIB_DESTINATION}
    RUNTIME DESTINATION ${CATKIN_PACKAGE_BIN_DESTINATION}
)
```

除了这些标准的 destination，一些文件必须安装到特别的文件夹中。例如，一个包含 Python 包的库必须安装到不同的文件夹下，这在 Python 中是很重要的，具体程序如下：

```
install(TARGETS python_module_library
    ARCHIVE DESTINATION ${CATKIN_PACKAGE_PYTHON_DESTINATION}
    LIBRARY DESTINATION ${CATKIN_PACKAGE_PYTHON_DESTINATION}
)
```

（1）安装 Python 可执行脚本。对于 Python 代码，安装规则不同，在这里不使用 add_library（）和 add_executable（）函数去定义哪些文件是 target 以及它们都是什么类型的 target。而是使用如下的程序：

```
catkin_install_python(PROGRAMS scripts/myscript
        DESTINATION ${CATKIN_PACKAGE_BIN_DESTINATION}
)
```

注意：如果只安装了 Python 脚本而没有提供任何的模块，那么既不需要创建 setup.py 文件，也不需要调用 catkin_python_setup（）函数。

（2）安装头文件。头文件必须安装在 include 文件夹下，具体的安装程序如下：

```
install(DIRECTORY include/${PROJECT_NAME}/
    DESTINATION ${CATKIN_PACKAGE_INCLUDE_DESTINATION}
    FILES_MATCHING PATTERN "*.h"
    PATTERN ".svn" EXCLUDE
)
```

如果 include 下的文件夹与包名不匹配，此时安装程序如下：

```
install(DIRECTORY include/
    DESTINATION ${CATKIN_GLOBAL_)INCLUDE_DESTINATION}
    PATTERN ".svn" EXCLUDE
)
```

（3）安装 ROS launch 文件或其他源文件。安装 launch 文件可安装到 ${CATKIN_PACKAGE_SHARE_DESTINATION}，具体程序如下：

```
install(DIRECTORY launch/
    DESTINATION ${CATKIN_PACKAGE_SHARE_DESTINATION}/launch
    PATTERN ".svn" EXCLUDE
)
```

其他源文件安装程序如下：

```
install(FILES
    myfile1
    myfile2
    DESTINATION ${CATKIN_PACKAGE_SHARE_DESTINATION}
)
```

3.3 package.xml 文件简介

3.3.1 概述

package.xml 文件是一个软件包清单，它必须包含于一个 catkin 创建的包文件的根文件夹中。此文件夹中的文件用于定义有关包的属性，如包名称、版本号、作者、维护者以及其他 catkin 包的依赖关系。

目前 package.xml 文件有两种格式，下面将分别进行解析。

3.3.2 格式

一般情况下，以前的 catkin 包使用格式 1。如果 <package> 标签中没有 format 属性，那么它就是一个格式 1 的包。而对于新包应用格式 2，此时 package.xml 的格式就会很简单。

1. 格式 1

（1）基本结构

```
<package>
...
</package>
```

每个 package. xml 文件都有 <package> 标签作为根标记文件。

（2）所需标签

例如，这是一个名为 mra7a_tutorials 的虚构包的包清单，其中包含几个所需标签。

```
<package>
    <name>mra7a_tutorials</name>
    <version>1.0.0</version>
    <description>
    this stack is used to show some demos for controlling the mra7a
by ROS.
    </description>
    <maintainer email="">lmn</maintainer>
    <license>BSD</license>
</package>
<name>- 功能包的名称标签
<version>- 功能包的版本号标签（需要 3 个点分隔的整数）
```

<description>- 功能包内容的描述标签

<maintainer>- 功能包的维护者信息标签

<license>- 发布代码的软件许可证标签（例如 GPL，BSD，ASL）

（3）构建、运行和测试的依赖关系

具有最小标签的包清单不指定关于其他包的任何依赖关系。包有以下四种依赖关系：

① <buildtool_depend>：编译工具依赖关系指定此功能包的编译系统工具。通常唯一的编译工具是 catkin。在交叉编译场景中，编译工具依赖关系用于执行编译的架构。

② <build_depend>：编译依赖关系指定编译此软件包所需的其他功能包。在编译时需要这些软件包中的任何文件都属于这种情况。这些文件包括在编译时的头文件、链接库或在构建时需要的任何其他源文件（特别是在 CMake 中是 find_package（）时）。在交叉编译场景中，编译依赖关系针对目标体系架构。

③ <run_depend>：运行依赖关系指定在此软件包中运行代码所需的其他功能包，或针对此软件包构建库。在这种情况下，依赖于共享库或将其头部标签包含在此包的公头标签中（特别是在 CMake 中的 catkin_package（）中声明为 CATKIN_DEPENDS 时）。

④ <test_depend>：测试依赖关系仅指定单元测试需要的其他功能包。这些包不应该是在编译或运行依赖关系中已经被提到过的任何重复依赖关系。

所有包至少有一个依赖关系，构建工具依赖于 catkin。具体实例如下：

```
<package>
    <name>mra7a_tutorials</name>
    <version>1.0.0</version>
    <description>
    this stack is used to show some demos for controlling the mra7a
by ROS.
    </description>
        <maintainer email="">lmn</maintainer>
    <license>BSD</license>
    <author>lmn</author>
    <buildtool_depend>catkin</buildtool_depend>
    <!-- 加入编译工具依赖项 catkin-->
    <build_depend>message_generation</build_depend>
    <build_depend>ROScpp</build_depend>
    <build_depend>std_msgs</build_depend>
    <!-- 加入编译依赖项 message_generation，ROScpp 和 std_msgs-->
    <run_depend>message_runtime</run_depend>
    <run_depend>ROScpp</run_depend>
    <run_depend>ROSpy</run_depend>
    <run_depend>std_msgs</run_depend>
```

```
<!-- 加入运行依赖项 message_runtime,ROScpp,ROSpy 和 std_msgs-->
<test_depend>python-mock</test_depend>
<!-- 加入测试依赖项 python-mock-->
<export>
    <metapackage/>
</export>
</package>
```

（4）metapackage

将多个软件包分组为单个逻辑软件包可以通过 metapackage（元包）来实现。元包是在 package.xml 中具有以下导出标记的普通包：

```
<export>
    <metapackage/>
</export>
```

除了在 catkin 上所要求的构建工具依赖关系，元包只能具有在分组包上的运行依赖关系。

（5）附加标签

package.xml 中还可能有以下的附加标签：

<url>：功能包的 URL 信息，通常是 ROS.org 上的 wiki 页面。

<author>：功能包的作者。

例如，turtlesim 的 package.xml 文件如下：

```
<?xml version="1.0"?>
  <package>
    <name>turtlesim</name>
    <version>0.5.5</version>
    <description>
    turtlesim is a tool made for teaching ROS and ROS packages.
    </description>
      <maintainer email="dthomas@osrfoundation.org">Dirk Thomas</
maintainer>
    <license>BSD</license>

    <url type="website">http://www.ROS.org/wiki/turtlesim</url>
    <url type="bugtracker">https://github.com/ROS/ROS_tutorials/
issues</url>
    <url type="repository">https://github.com/ROS/ROS_tutorials
</url>
```

```
<author>Josh Faust</author>
<!-- 加入附加标签 URL 和 author-->
<buildtool_depend>catkin</buildtool_depend>
...
</package>
```

2. 格式 2

格式 2 是新包的推荐格式。一般建议将旧的格式 1 迁移为格式 2。格式 2 的完整文档可在 catkin API 文档中找到。格式 1 与格式 2 仅在基本结构和依赖关系处有差异，其他各处相同。

（1）基本结构

每个 package.xml 文件都有 <package format="2"> 标签在文件中作为根标签。例如：

```
<package format="2">
</package>
```

（2）依赖关系

具有最小标签的包清单不指定对其他包的任何依赖关系。包有以下六种依赖关系：

① <buildtool_depend>：编译工具依赖关系指定编译此功能包的编译系统工具。通常唯一的编译工具是 catkin。在交叉编译场景中，编译工具依赖关系用于执行编译的架构。

② <build_depend>：编译依赖关系指定编译此功能包所需的其他功能包。在编译时需要这些包中的任何文件都属于这种情况。这些文件包括在编译时的头文件、链接库或任何其他源文件（特别是在 CMake 中是 find_package（）时）。在交叉编译场景中，编译依赖关系针对目标体系结构。

③ <build_export_depend>：编译导出依赖关系指定根据此功能包编译库所需的包。将此头文件包含在此包中的公用头文件中时（特别是当 CMake 中的 catkin_package（）中声明为 CATKIN_DEPENDS 时）就是这种情况。

④ <exec_depend>：运行依赖关系指定在此功能包中运行代码所需的包。

⑤ <test_depend>：测试依赖关系仅指定单元测试时需要的其他功能包。它们不应该重复在构建或运行依赖关系中已经被提到过的任何依赖关系。

⑥ <doc_depend>：文档工具依赖关系指定此包需要生成文档的文档工具。

指定编译、导出、执行、测试和文档依赖关系的虚构示例如下：

```
<package>
  <name>mra7a</name>
  <version>1.0.0</version>
  <description>
  this stack is used to show some demos for controlling the mra7a
by ROS.
  </description>
```

```
<maintainer email="">lmn</maintainer>
<license>BSD</license>
<url>http://ROS.org/wiki/foo_core</url>
<author>lmn</author>
<buildtool_depend>catkin</buildtool_depend>
<!-- 加入编译工具依赖项 catkin-->
<depend>ROScpp</depend>
<!-- 加入依赖项 ROScpp-->
<depend>std_msgs</depend>
<!-- 加入依赖项 std_msgs-->
<build_depend>message_generation</build_depend>
<!-- 加入编译依赖项 message_generation-->
<exec_depend>message_runtime</exec_depend>
<exec_depend>ROSpy</exec_depend>
<!-- 加入运行依赖项 message_runtime 和 ROSpy-->
<test_depend>python-mock</test_depend>
<!-- 加入测试依赖项 python-mock-->
<doc_depend>doxygen</doc_depend>
<!-- 加入文档工具依赖项 doxygen-->
</package>
```

3.4 配置文件简介

ROS 中的配置文件通常使用一种简洁的非标记语言 YAML（yet ain't markup language）来编写，使用的是通用的数据串行化格式，它的基本语法规则如下：

（1）大小写敏感。

（2）使用缩进表示层级结构。

（3）禁止使用 tab 缩进，只能使用空格键。

（4）缩进长度没有限制，只要元素对齐就表示这些元素属于一个层级。

（5）使用 "#" 表示注释。

（6）字符串可以不使用双引号标注。

YAML 语言中也有自己的数据结构，下面以 mra7a 机器人中的 mra7a_moveit_config 包中的 config/controllers.yaml 文件为例说明 YAML 文件的数据结构。

1. 对象（map）

对象是键值的集合，又称为映射、字典等，一组键值通常使用冒号结构表示，例如 controllers.yaml 中第一行就为一组键值对：

```
controller_manager_ns:controller_manager
```

它声明了控制管理器的名称。

2. 数组

一组连词线开头的行，构成一个数组。例如 controllers.yaml 中在 controller_list 下的 joints 就构成了一个数组，具体如下。

```
joints:
    - Joint1
    - Joint2
    - Joint3
    - Joint4
    - Joint5
    - Joint6
    - Joint7
```

3. 纯量

纯量是 YAML 文件中最基本的，不可再分的值。例如在 controllers.yaml 中 controller_list 下的 default 变量表示布尔量，它便是一个纯量。

4. 复合结构

对象和数组可以结合使用，形成复合结构。controller_list 就是一个复合结构，它是由多个对象和数组构成：

```
controller_list:
  - name:mra7a/arm_trajectory_controller
    action_ns:follow_joint_trajectory
    type:FollowJointTrajectory
    default:true
    joints:
      - Joint1
      - Joint2
      - Joint3
      - Joint4
      - Joint5
      - Joint6
      - Joint7
```

在 ROS 中，当执行的任务需要启动多个节点时，如果每次只启动一个节点会使操作很不方便，为了能够快速启动多个节点，就需要使用 launch 文件。launch 文件的功能除了实现节点的启动外，还包括其他 launch 文件的调用、系统参数的读取和导入以及软件的启动等。

launch 文件是一种基于 XML 格式的文件，它以 <launch> 标签开头，以 </launch> 标签结尾，用来让 ROS 识别 launch 文本结构。<launch> 标签唯一的目的是作为其他元素的容器。下面介绍一下 launch 文件中包含的元素。

1. 〈node〉标签

<node> 标签是 launch 文件的核心元素之一，每个 <node> 标签都只启动一个节点。<node> 标签的使用格式如下：

```
<node pkg="pkg_name"type="node_name"name="specified_name" args=
"arg1,arg2,arg3"machine="machine_name" ns="namespace"respawn="true or
false"output="screen"/>
```

其内部属性如下：

pkg 表示节点所在包的名称；type 表示代表节点的 cpp 文件或 py 文件的文件名；name 表示自定义的节点名；args 表示传入节点的参数；machine 表示所要启动的设备；ns 则表示节点启动的空间；respawn 是可选参数，它一般代表节点自动退出后是否重新启动。当将其改为 required 并赋值为 true 时则表示节点退出后停止整个 launch 文件的运行；output 表示节点的输出。<node> 标签中 pkg、type 和 name 是必要属性，其他属性则是可选的。

当 <node> 标签中添加其他的元素时，需要采用 <node>……</node> 的格式，如下例所示：

```
<node pkg="turtlesim"type="turtlesim_node"name="turtle1"/>
<remap from="turtle1/pose"to="tim"/>
</node>
```

这个例子中是在以 turtle1 命名的节点中加入一个 remap 映射关系。

2. 〈param〉标签

<param> 标签对参数服务器进行参数设置。<param> 标签的格式如下：

```
<param name="namespace/name"value="value"type="str|int|double|bool
|yaml"textfile="$(find pkg-name)/path/file.txt" binfile="$(find pkg-
name)/path/file"command="$(find pkg-name)/exe '$(find pkg-name)/arg.
txt' "/>
```

其内部的属性如下：

（1）name 属性表示参数名称，其中可以包含命名空间的名称，但是要尽量避免全局参数名称。

（2）value 属性是指参数的数值，当不选择该属性时，需要指定包含参数数值的文件，例如二进制文件、文本文件或者用指令进行参数的赋值。

（3）type 属性是指定参数的类型，该属性为可选属性，如果没有对参数进行类型指定，ROS 会根据以下规则自动对这些参数进行类型指定：

① 带 "." 的数字会被识别为浮点型，否则被识别为整数型。

② "true" 或者 "false" 类型会被识别为布尔型，不区分大小写。

③ 所有其他类型的字符都被识别为字符串型。

（4）textfile 属性是对文本文件进行读取，文本文件中的内容会被存储为字符串类型。该属性为可选属性。

（5）binfile 属性与 textfile 类似，它是将 bin 文件中的内容按照 64 位编码的 XML–RPC 二进制对象格式读取和存储。该属性也为可选属性。

（6）command 属性会将指令产生的输出存储为字符串形式。该属性也为可选属性。

3. <remap> 标签

<remap> 标签是声明映射名。<remap> 标签的格式如下：

```
<remap from="original_name"to="target_name"/>
```

其中，original_name 表示源节点，target_name 表示目标节点。<remap> 可以将 original_name 节点的参数映射到正在运行的 target_name 节点中。这种映射是以结构化的方式映射，即将一个节点的所有参数映射到另一个节点中，让另一个节点集成该节点的所有属性，而不是类似于 <args> 标签中的几个参数的输入。

4. <machine> 标签

<machine> 标签声明了运行 ROS 节点的机器。如果所有节点都在本地启动，则不需要该参数。它主要用于声明 SSH 和远程机器的 ROS 环境变量的设置，但仍然也可以用来声明本地机器的信息。

<machine> 标签具有以下属性：

（1）name 属性，主要用来指定机器的名称，与 <node> 标签中的 machine 属性相对应，它属于必要属性。

（2）address 属性，它主要指定机器的网络地址或主机地址，例如 adress= "blah.willowgarage.com"。它属于必要属性。

（3）env_loader 属性，用来指定远程计算机的环境文件，该文件是一种 shell 脚本，其中设置了所有需要的环境变量，然后根据这些变量来选择 exec 的执行方式。该属性为必要属性。

（4）default 属性，它用来指定本机为分配节点的默认机器。该属性仅仅适用于在同一范围内后定义的节点。注意，如果没有默认机器，将会使用本地机器。可以通过设置 default 值为 never 来阻止对机器的选择，在这种情况下，机器只能进行显示分配。default 属性属于可选属性。

（5）user 属性，用来指定登录机器的 SSH 用户名，该属性为可选属性。

（6）password 属性，用来设置 SSH 密码，但不建议使用该属性，可以通过配置 SSH 关键字和 SSH 代理来代替，这样可以使用证书进行登录。该属性也为可选属性。

（7）timeout 属性，用来指定在 ROS 中运行机器之前的时间，如果超过该时间，则被认为启动失败。该时间默认为 10 s。当进行较慢的通信连接时，需要改变该属性来防止 ROS 节点的通信出现问题。timeout 属性为可选属性。

（8）ROS_root 属性，用来设置在该机器上 ROS 的根目录，默认值为本机上的根目录，该属性为可选属性。

（9）ROS_package_path 属性，该属性用来设置在该机器上的 ROS 包路径，默认为本机 ROS 包路径。

<machine> 标签还可以包含 <env> 元素，它用来设置本机上所有进程的环境变量。下面的例子主要是配置节点"footalker"在另一个机器上的运行。除了重写 ROS-root 及 ROS-package-path 参数，还在远程机器上设置了一个 LUCKY_NUMBER 环境变量。

```
<launch>
<machine name="foo"address="foo-address"ROS-root="/u/user/ROS/
ROS/"ROS-package-path="/u/user/ROS/ROS-pkg" user="someone">
<env name="LUCKY_NUMBER"value="13"/> </machine>
<node machine="foo"name="footalker"pkg="test_ROS" type="talker.
py"/>
</launch>
```

5. <ROSparam> 标签

<ROSparam> 标签能够使用 YAML 文件对 ROS 参数服务器中的参数进行下载、上传或者删除。<ROSparam> 标签可以放在 <node> 标签中，被当作私有参数。

<ROSparam> 标签的格式应用方式有如下三种：

（1）在相对空间或绝对空间中进行系统参数的操作：

```
<ROSparam command="load"file="(find ROSparam)/example.yaml"/>
<ROSparam command="delete"param="my/param"/>
```

（2）多个参数同时指定：

```
<ROSparam param="a_list">[1,2,3,4]</ROSparam>
```

（3）单个参数指定：

```
<ROSparam>a:1 b:2</ROSparam>
```

除了以上几种方式，也可以用 args 参数代替部分或全部的 YAML 字符串，例如：

```
<arg name="whitelist"default="[3,2]"/><ROSparam param="whitelist"
subst_value="True">$(arg whitelist)</ROSparam>
```

6. <include> 标签

<include> 标签会将其他 ROSlaunch 的 XML 文件导入当前的 launch 文件中。在导入时，会将 XML 文件中的 <group> 和 <remap> 标签包含的内容也导入文档中，但是不会导入 <master>

标签，因为它仅支持顶层文件。<include> 标签的格式如下：<include file="$（find pkg-name）/path/file.launch" ns="foo" clear_params="true|false" pass_all_args="true|false"/>，具有以下属性：

（1）file 属性：它主要指定了 launch 文件的路径，当已知 file 文件的绝对路径时，可以直接指定路径；当 file 文件的绝对路径不明确，采用相对路径时，需要加上 "$（find pkg-name）" 来参考搜寻文件所在的根目录，以找到文件。

（2）ns 属性：它为可选项目，主要指定了 launch 文件的工作空间。

（3）clear_params 属性：它也为可选项目，它主要的作用是在程序开始运行之前先删除所有 <include> 标签中包含的参数。这个属性是非常危险的，在使用时需要谨慎。在使用时必须指定 ns 属性，默认参数为 false。

（4）pass_all_args 属性：这个属性是在 indigo 和 jade 版本中新添加的属性，它也为可选属性。当为 true 时，在当前文件中所有的参数设置都会传递到子文件中，用来处理 include 文件。使用该属性时可以不用列出所有的传递参数。

7. <env> 标签

<env> 标签用来设置启动节点的环境变量，只能在 <launch>、<include>、<node> 或 <machine> 标签范围内使用。在 <launch> 标签内使用时，<env> 标签只能在其后声明的节点中应用。注意，该标签设置的值不能被 $（env...）变量识别，因此 <env> 标签不能用于参数的 launch 文件。<env> 标签主要有以下属性：

（1）name 属性：用来声明环境变量，例如 name="environment_variable_name"。

（2）value 属性：用来设置环境变量的值，例如 value="environment_variable_value"。

8. <test> 标签

<test> 标签在语法上类似 <node> 标签，它们都要指定要运行的 ROS 节点，但是 <test> 中的 tag 表明节点实际上是一个测试节点。下面是 <test> 标签的使用实例：

```
<test test-name="test_1_2"pkg="mypkg"type="test_1_2.py" time-limit="10.0"
  args="--test1--test2"/>
```

使用 "--test1 --test2" 命令行参数在 mypkg 包中生成的可执行文件 test_1_2.py 来启动 "test_1_2" 节点。如果超过 10 s 测试时长，测试将被认为失败而终止。

<test> 标签包含了 <node> 中的大部分属性，除了重新加载（respawn）属性，输出（output）属性，以及机器（machine）属性，此外增加了以下属性：

（1）test-name 属性：用来记录测试结果的文件名，该属性为必要属性。

（2）clear_params 属性：它可指定是否在 launch 之前删除节点私有命名空间中所有参数。

（3）cwd 属性：其使用方法为 cwd= "ROS_HOME|node"，如果需要运行节点，则设置节点的工作目录与可执行文件的目录相同，该属性为可选属性。

（4）launch_prefix 属性：预先加载命令或参数到节点的启动参数中。这个属性可以很方便地使用 gdb、valgrind、xterm、nice 等调试工具。

（5）retry 属性：表示 test 节点的重启次数，当超过设置值时，节点就被认为启动失败。该属性的默认值为 0。该属性对于可能运行失败的进程有避免停止运行的作用。retry 属性为可选属性。

（6）time_limit 属性：启动 test 节点的时间，当超过设置值时，就认为 test 节点启动失败，默认值为 60 s。

在 <test> 标签中可以使用 <env> <remap> <ROSparam> <param> 等标签，用法与 <node> 标签相同。

9. 〈arg〉标签

<arg> 标签通过指定命令行、<include> 标签传递或者高层文件中声明的值，来创建更多能重复使用和配置的文件。arg 参数值不是全局的，它是针对单一启动文件，就像是一种方法中的局部参数一样。当 arg 参数被调用时必须进行声明，与在算法中调用参数值类似。

<arg> 能用以下三种方法之一调用：

<arg name="foo" />：声明 foo 的存在。foo 既可以作为命令行参数传递，也可以通过 <include> 标签传递。

<arg name="foo" default="1" />：声明有默认值的 foo。当通过顶层文件进行命令行参数传递时，foo 将被覆盖。也可以通过 <include> 传递。

<arg name="foo" value="bar" />：声明常数值 foo。foo 不能被覆盖。这种用法保证启动文件内部的参数化，而不用在上层文件中进行参数化。

<arg> 标签有如下属性：

（1）name 属性：它表示传递参数的名称，该属性为必要属性。

（2）default 属性：参数默认值，不能和其 value 属性组合，该属性为可选属性。

（3）value 属性：参数设置值，不能和 default 属性组合，该属性为可选属性。

（4）doc 属性：参数的描述，该属性为可选属性。

<arg> 标签的使用方法如下，首先在一个 launch 文件中声明参数，并赋值。

```
<include file="included.launch">
<!-- all vars that included.launch requires must be set-->
<arg name="hoge" value="fuga" />
</include>
```

然后在另一个 launch 文件中调用该参数。

```
<launch>
<!--declare arg to be passed in-->
<arg name="hoge" />
<!--read value of arg-->
<param name="param" value="$(arg hoge)"/>
</launch>
```

也可以通过命令行传递参数，命令如下所示，其中 ROSlaunch 使用和 ROS 重映射参数相同的语法来指定参数值。

```
ROSlaunch my_file.launch my_arg:=my_value
ROSlaunch %YOUR_ROS_PKG% my_file.launch hoge:=my_value
```

10. <group> 标签

<group> 标签很容易将设置应用到一组节点上。其中的 ns 属性能够把一组节点放入到单独的命名空间内。也可以对组节点使用 <remap> 标签进行参数映射。

<group> 标签有如下属性：

（1）ns 属性：被分配的组节点所在的命名空间。命名空间可以是全局的或相对的，但尽量使用全局命名空间。ns 属性为可选属性。

（2）clear_params 属性：它启动前删除该组的命名空间中的所有参数。此功能是非常危险的，应谨慎使用，在使用时，ns 必须指定。

<group> 标签相对于顶层的 <launch> 标签，只是作为存放标签的子容器。这意味着可以使用在 <launch> 标签中正常的任何标签，例如 <node> <param> <remap> <machine> <ROSparam> <include> <env> <test> <arg> 等。

3.6 ROS 消息文件，订阅和发布

3.6.1 msg 基本概念

msg 文件是一个描述 ROS 中所使用消息类型的文本文件，用来描述 ROS 节点所使用的数据结构。它会被用来生成不同语言的源代码，方便被 ROS 的节点发布、订阅及使用。msg 文件存放在功能包的 msg 目录下，它可以使用的数据类型如下：

```
int8,int16,int32,int64
float32,float64
string
time,duration
other msg files
variable-length array[]and fixed-length array[C]
```

msg 文件为多行语句组织形式，每行中都包括一个类型名关键字和变量名标识符，例如：

```
int32 x
string name
```

下面，通过实例来学习创建和使用 msg 文件。

在 hello_world 功能包中创建 msg 目录来存放将要编写的 testmsg.msg 文件。

自定义的 testmsg.msg 文件内容如下：

```
string name
int16 number
```

接下来为确保 msg 文件能被转换成 C++ 或其他语言的源代码，需要修改 package.xml 和 CMakeLists.txt 文件。

在 package.xml 文件中增加下面两条语句，调用 message_generation 和 message_runtime 功能包来生成消息文件：

```
<build_depend>message_generation</build_depend>
<run_depend>message_runtime</run_depend>
```

在 CMakeLists.txt 文件中添加内容如下：

```
find_package(catkin REQUIRED COMPONENTS
 ROScpp
 ROSpy
 std_msgs
 message_generation
 )
add_message_files(
FILES
testmsg.msg
)
generate_messages(
 DEPENDENCIES
 std_msgs
 )
```

其中，find_package（）函数会调用 ROScpp、ROSpy、std_msgs、message_generation 等包来实现 hello_world 的功能包的构建。add_message_files（）函数则是添加建立的 testmsg.msg 文件。generate_messages（）函数则生成相应的消息头文件，一般存储于 devel/include/×××/ 文件中（×××为包文件名），例如 testmsg.msg 生成的头文件则位于 devel/include/hello_world/ 文件夹中。

3.6.2 编写消息的发布和订阅

上面的实例建立了消息，下面，通过实例来编程进行消息的发布和订阅。首先编写发布 ROS 的发布节点。修改 hellow_world.cpp 程序代码，应用自定义的 testmsg.msg 的头文件。

```
#include<ROS/ROS.h>
#include<hello_world/testmsg.h>   // 添加自定义消息的头文件
int main(int argc,char **argv)
```

```
{
    ROS::init(argc,argv,"hello_world");
    ROS::NodeHandle n;

    ROS::Rate r(1);
    ROS::Publisher pub;
pub=n.advertise<hello_world::testmsg>("path",10);
hello_world::testmsg msg;          // 声明一个自定义的消息对象
int counter=1;
for(counter;counter<=20;counter++)
{
    msg.name="hello_world!";
    msg.number=counter;           // 往将要输出的消息中填充数据
    ROS_INFO("the msg is:%s %d",msg.name.c_str(),msg.number);
   // 在打印字符串时需要将C++格式转换为C格式,所以加后缀 .c_str()
    pub.publish(msg);
    r.sleep();
}
    return 0;
}
```

这样就将 hello_world 程序变成了发布节点程序。下面再编写节点订阅程序 sub，与 hello_world 程序相同也需要添加自定义的 testmsg.msg 的头文件。

```
#include<ROS/ROS.h>
#include<hello_world/testmsg.h>
void Callback(const hello_world::testmsgConstPtr &msg)
{
    ROS_INFO("subscribing msg is:%s,%d",msg->name.c_str(),msg->number);
}
int main(int argc,char*argv[])
{
    ROS::init(argc,argv,"sub");
    ROS::NodeHandle n;
    int i;
    ROS::Rate r(1);
    ROS::Subscriber sub;
    sub=n.subscribe("path",10,&Callback);
```

```
    ROS::spin();
    return 0;
}
```

在 Camkelist 中相应的位置处添加可执行文件和依赖包。

```
add_executable(sub src/sub.cpp)
add_dependencies(sub
${${PROJECT_NAME}_EXPORTED_TARGETS}
${catkin_EXPORTED_TARGETS})
    target_link_libraries(sub ${catkin_LIBRARIES})
```

编写完上述内容之后，在工作空间下进行编译，然后另开一个终端运行 ROScore，再进入工作空间中各开一个终端运行发布节点和订阅节点，如图 3–5、图 3–6 所示。

图 3–5　发布节点

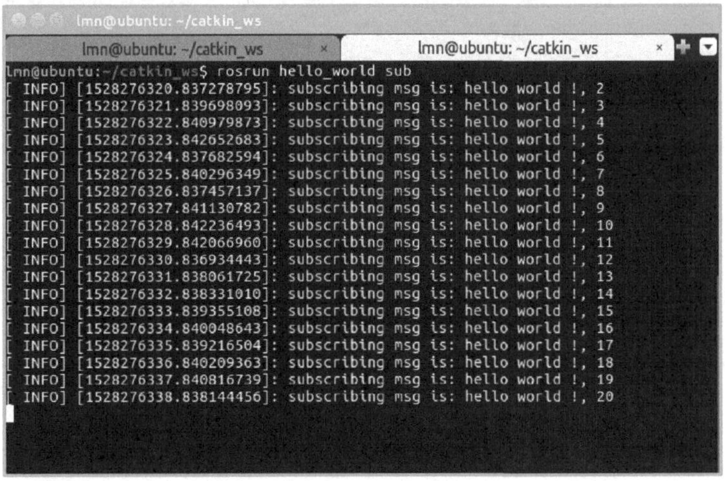

图 3–6　订阅节点

3.6 ROS 消息文件，订阅和发布

3.6.3　编写简单的 launch 文件

launch 文件的作用是同时开启多个节点，以此更方便地实现大型功能和复杂功能。在 hello_world 包文件中添加 launch 文件夹，并在文件夹中添加 hello_world.launch 文件。在 hello_world.launch 文件中加入如下语句：

```
<launch>
<node name="hello_world_pub"type="hello_world" pkg="hello_
world"output="screen"/>
<node name="hello_world_sub"type="sub"pkg="hello_world"
output="screen"/>
</launch>
```

launch 文件如图 3-7 所示。

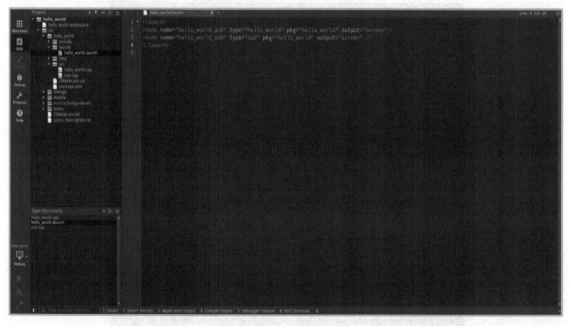

图 3-7　launch 文件

<launch>……</launch> 文件是容器，里面可以放入节点和其他的 launch 文件。
然后通过如下指令来运行 hello_world.launch 文件。

```
$ source catkin_ws/devel/setup.bash
$ ROSlaunch hello_world hello_world.launch
```

当程序运行成功时会出现如图 3-8 所示的界面。

图 3-8　launch 文件运行成功

## 第四章

机器人模型的创建

机器人模型描述

ROS 中的机器人模型通常用 URDF（Unified Robot Description Format：统一机器人描述格式）来描述。URDF 包会自动解析 URDF 文件，并转为程序可读的格式，供 ROS 等其他节点使用。URDF 是在 ROS 中描述一个机器人最方便的方式。

URDF 是 ROS 中专门用来统一描述机器人仿真模型的语言。该语言是基于 XML 格式的，可存储模型的形状、尺寸、颜色等基本属性，还包含机器人的运动学和动力学信息，支持模型的干涉碰撞检查等。

4.1.1 URDF 文件语法

在 URDF 中编辑文件需要一定的语法，基本的编写语法如表 4-1 所示，包含机器人本体、关节、节点的定义以及节点间各关节的父子关系。用 <link> 描述各个部件，<joint> 描述各个关节。用 <parent> 和 <child> 描述关节连接部件。只要描述了 link 和 joint 之间的关系，就能很容易构建机器人框架。

表 4-1　URDF 文件基本的编写语法

命令	语法
机器人本体命名	<robot name="***">
定义关节	<link name="link***">
定义节点及类型	<joint name="joint***" type="***">
定义节点的父、子链接	<parent link="link****"> <child link="link****">

4.1.2 URDF 文件格式

下面，以创建名为 "mra7a" 的部分 URDF 文件为例解析一下 URDF 文件的内容。相应模型文件的位置可按要求放置。

（1）机器人名称和连杆名称

```
<robot name="mra7a"> <!-- 为当前设计的结构命名,之后会成为生成这个结构
PDF 的文件名 -->
<link name="world"/>
<link name="base_link"> <!-- 定义第一个结构的名字。一般原则:以某一个结
构作为基准坐标系时,起名为 base_link-->
<visual>                <!-- 以 visual 包围起来的部分,是在 RViz 中的可视部
分 -->
<origin rpy="0 0 0"xyz="0 0 0"/> <!-- 定义在坐标系中的姿态和位置 -->
<geometry>
<mesh filename="package://seven_dof_arm_description/meshes/
base_link.STL"/>
</geometry> <!-- 以 geometry 包围起来的部分,是这个结构的形状。存在
cylinder、box、sphere 等形状。还有一种选择为 mesh,表示从其他文件载入 -->
<material name=""> <!-- 定义一个颜色变量名为 darkgray。可为结构设置颜
色 -->
<color rgba="0.6 0.6 0.6 1"/> <!-- 定义颜色的 rgb 值和透明度 a 的值,它
们的取值范围是 0~1-->
</material>
</visual>
```

（2）碰撞避免检测模型

```
<collision>  <! -- 在仿真时,"碰撞"体积定义是对应结构的物理体积,一般使它
和 geometry 中的参数设置一致。其他情况:当需要更快计算碰撞检测时可将复杂结构的碰
撞体积定义为比较简单的几何形状,或者为了限制靠近敏感设备时将碰撞体积设置较大来增
加安全区域 -->
<origin rpy="0 0 0" xyz="0 0 0"/>
<geometry>
<mesh filename="package://seven_dof_arm_description/meshes/
base_link.STL"/>
</geometry>
</collision>
```

（3）动力学参数

```
<inertial> <!-- 惯量 -->
    <origin rpy="0 0 0"
        xyz="1.58780600757876E-17    1.16524520215829E-17
0.042502057419515 "/>
        <mass value="0.474965549491937"/>  <!-- 定义质量值 -->
        <inertial ixx="0.00102796097257156"  ixy="3.04931861011564E-20"
        ixz="-2.46655622129667E-19"  iyy="0.00102796097257156"
        iyz="-2.10531007350427E-19"  izz="0.00113370981926284"/>  <!-- 为转
动惯量矩阵,需要刚体动力学基础 -->
    </inertial>
```

（4）运动学参数

```
<joint name="joint1" type="revolute">  <!-- 用来定义结构之间的关系,有
fixed、continuous、revolute 等连接方式 -->
    <origin rpy="0 0 0" xyz="0 0 0.0999"/>  <!-- 定义在父结构坐标系中,子
结构坐标系的姿态和位置 -->
    <axis xyz="0 0 1"/>  <!-- 用来设置这个关节的移动方向,默认为 x 轴,若为 0 0 1
则为沿 z 轴移动,也可以复合设置 -->
    <parent link="base_link"/>  <!-- 指定这个关节所连接的"父"链接 -->
    <child link>="link1"/>  <!-- 指定这个关节所连接的"子"链接 -->
    <limit effort="90"lower="-3.05"upper="3.05" velocity="1.31"/> <!-- 极限
值,用来约束力量、最小值、最大值、速度的值,默认为无穷大 -->
</joint>
```

4.2 机器人模型建立

URDF 文件可以通过以下两种方式进行建立。

1. 编写 URDF 文件

在 ROS 中经常用到 URDF 文件。首先需要通过编写 URDF 文件来创建,然后对创建的文件进行解析并判断语法是否正确,创建文件夹来存储所创建的文件。启动编辑器,运行代码对解析的文件进行判断,如果成功则可以进行下一步工作,失败则返回重新解析,具体流程图如图 4-1 所示。

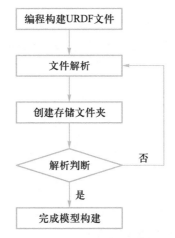

图 4-1 ROS 下 URDF 文件创建流程图

下面，以小车模型的 URDF 文件为例详解移动机器人 URDF 文件的编写过程。

（1）创建硬件描述包

在工作空间 smartcar/src/ 目录下通过 catkin_create_pkg 来创建硬件描述包，以及包所依赖的 URDF 库。

```
$ catkin_create_pkg smartcar_description URDF
```

然后通过如下命令在新建包中创建 URDF 和 launch 文件夹，用于存储 *URDF 和 *.launch 文件。

```
$ mkdir smartcar_description/URDF smartcar_description/ launch
```

（2）编写 URDF 文件

通过编写 URDF 文件可以得到小车模型。编写完成的 URDF 文件解析如下（这里又对主要部分进行了解析，其他部分可参照解析部分进行理解）。

```
<?xml version="1.0"?>   <!-- 声明 xml 文件的版本号 -->
<robot name="smartcar">   <!-- 给当前设计的结构命名 -->
<link name="base_link">   <!-- 定义第一个结构的名字，即对小车车身命名。一般原则是以某个结构作为基准坐标系时，命名为 base_link-->
<visual>   <!-- 以 visual 包围起来的部分，在 RViz 中是可视部分。包括外观、大小、颜色、材质纹理等 -->
<geometry>   <!-- 以 geometry 包围起来的部分，是这个结构的形状，一般有 cylinder、box、sphere 等形状。并设置结构的尺寸参数，单位为米 -->
<box size="0.25.16.05"/>
</geometry>
<origin rpy="0 0 1.57075" xyz="0 0 0"/>   <!-- 定义在坐标系中的姿态和位置 -->
```

```
<material name="blue">     <!-- 定义一个颜色变量名为 blue,可为结构设置颜
色,并设置颜色的 rgb 值和透明度 a 值,这些值的取值范围都是[0,1]-->
<color rgba="0 0 .8 1"/>
</material>
</visual>
</link>
<link name="right_front_wheel">    <!-- 定义第二个结构名称 -->
<visual>
<geometry>
<cylinder length=".02" radius="0.025"/>     <!-- 定义这个结构的几何形状
为 cylinder,并设置它的长度和半径属性参数 -->
</geometry>
<material name="black">
<color rgba="0 0 0 1"/>
</material>
</visual>
</link>
<joint name="right_front_wheel_joint" type="continuous">    <!-- 定义
关节的名称,type 类型用来定义结构之间的关系,有 fixed、continuous、revolute 等
连接方式 -->
<axis xyz="0 0 1"/>    <!-- 设置这个关节的移动方向,默认为 x 轴,若为"0 0
1",则表示沿 z 轴移动,也可以复合设置 -->
<parent link="base_link"/>    <!-- 指定这个关节所连接的"父"链接 -->
<child link="right_front_wheel"/>     <!-- 指定这个关节所连接的"子"链
接 -->
<origin rpy="0 1.57075 0" xyz="0.08 0.1 -0.03"/>    <!-- 定义在父坐标
系中,子坐标系的姿态和位置 -->
<limit effort="100" velocity="100"/>    <!-- 设置关节的极限值,用来约束力
量、速度等参数,默认为无穷大 -->
<joint_properties damping="0.0" friction="0.0"/>     <!-- 关节属性值阻
尼和摩擦设置为 0-->
</joint>
<link name="right_back_wheel">
<visual>
<geometry>
<cylinder length=".02" radius="0.025"/>
</geometry>
<material name="black">
```

```xml
<color rgba="0 0 0 1"/>
</material>
</visual>
</link>

<joint name="right_back_wheel_joint" type="continuous">
<axis xyz="0 0 1"/>
<parent link="base_link"/>
<child link="right_back_wheel"/>
<origin rpy="0 1.57075 0" xyz="0.08 -0.1 -0.03"/>
<limit effort="100" velocity="100"/>
<joint_properties damping="0.0" friction="0.0"/>
</joint>

<link name="left_front_wheel">
<visual>
<geometry>
<cylinder length=".02" radius="0.025"/>
</geometry>
<material name="black">
<color rgba="0 0 0 1"/>
</material>
</visual>
</link>

<joint name="left_front_wheel_joint" type="continuous">
<axis xyz="0 0 1"/>
<parent link="base_link"/>
<child link="left_front_wheel"/>
<origin rpy="0 1.57075 0" xyz="-0.08 0.1 -0.03"/>
<limit effort="100" velocity="100"/>
<joint_properties damping="0.0" friction="0.0"/>
</joint>

<link name="left_back_wheel">
<visual>
<geometry>
<cylinder length=".02" radius="0.025"/>
```

```
</geometry>
<material name="black">
<color rgba="0 0 0 1"/>
</material>
</visual>
</link>

<joint name="left_back_wheel_joint" type="continuous">
<axis xyz="0 0 1"/>
<parent link="base_link"/>
<child link="left_back_wheel"/>
<origin rpy="0 1.57075 0" xyz="-0.08 -0.1 -0.03"/>
<limit effort="100" velocity="100"/>
<joint_properties damping="0.0" friction="0.0"/>
</joint>

<link name="head">
<visual>
<geometry>
<box size=".02 .03 .03"/>
</geometry>
<material name="white">
<color rgba="1 1 1 1"/>
</material>
</visual>
</link>

<joint name="tobox" type="fixed">
<parent link="base_link"/>
<child link="head"/>
<origin xyz="0 0.08 0.025"/>
</joint>
</robot>
```

2. 外界三维模型导入

由于 RViz 不可以识别一般的三维软件格式，因此需要对所建立的模型进行相应的转换。将三维软件所建立的模型转换为一种可被 RViz 识别的文件——URDF 文件。模型的建立采用 SolidWorks 三维软件，文件的解析则用到相应的 URDF 插件来完成文件的转换。具体流程如图 4-2 所示。

图 4-2　三维模型导入流程图

下面，根据一个简单的"铰链"零件来介绍外界三维模型导入的具体过程：

（1）在已安装 SolidWorks 三维软件基础上，安装 SolidWorks 转 URDF 的插件 sw_URDF_exporter。安装完成后，重新打开 SolidWorks 三维软件，可以看到在插件中多了一个名为 SW2URDF 的插件，勾选启用，如图 4-3 所示。

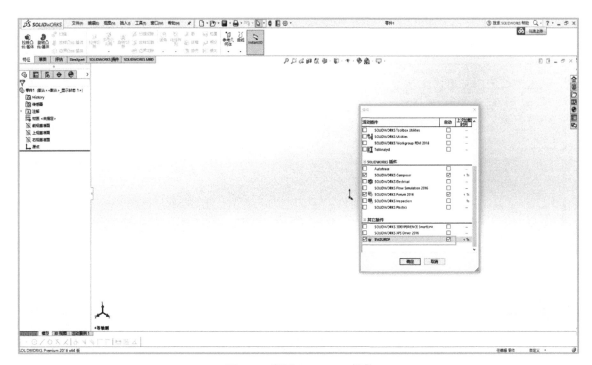

图 4-3　启用 SW2URDF 插件

（2）单击图 4-4 所示的 Export as URDF，进入图 4-5 所示插件界面。

（3）如图 4-6、图 4-7 和图 4-8 所示，设置关节和链接名称和参数。

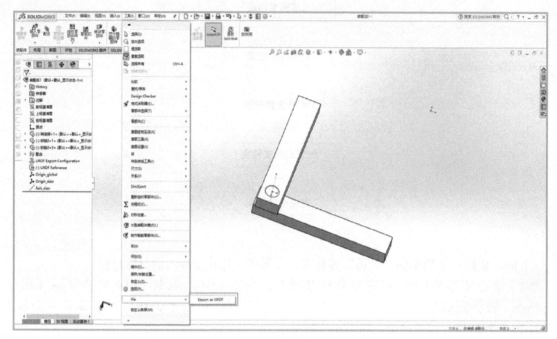

图 4-4　单击 Export as URDF

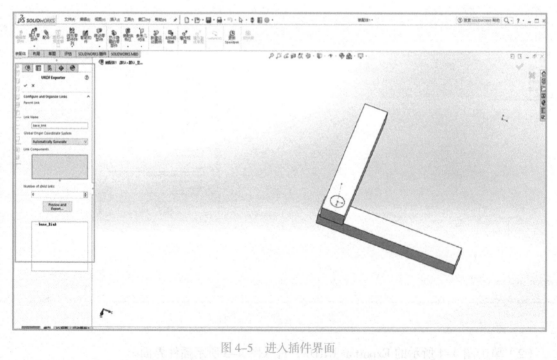

图 4-5　进入插件界面

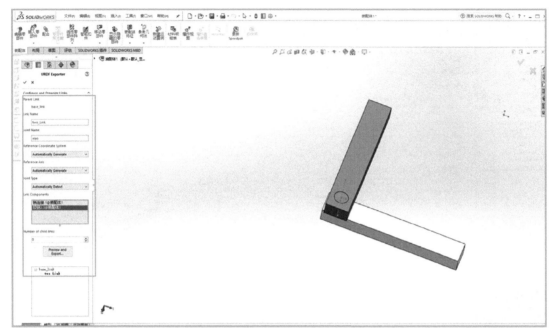

图 4-6　设置关节和链接名称

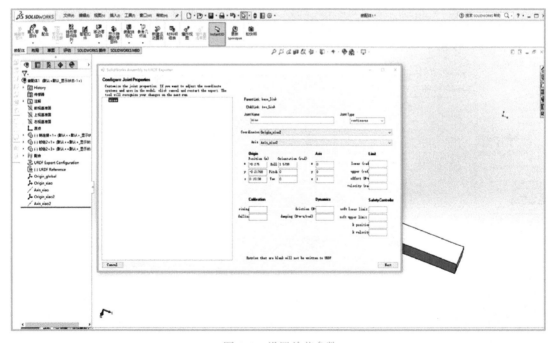

图 4-7　设置关节参数

4.2 机器人模型建立

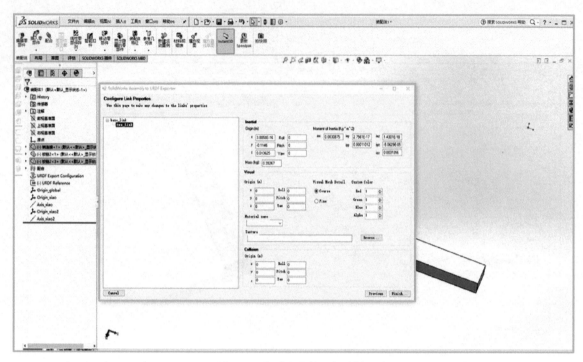

图 4-8　查看生成的坐标参数

（4）单击 Finish 后进入图 4-9 所示界面，即可导出成 URDF 文件 Package "jiaolian-01"。之后再去相应的目录（如图 4-10 所示）下即可找到并打开如图 4-11 所示的 URDF 文件。

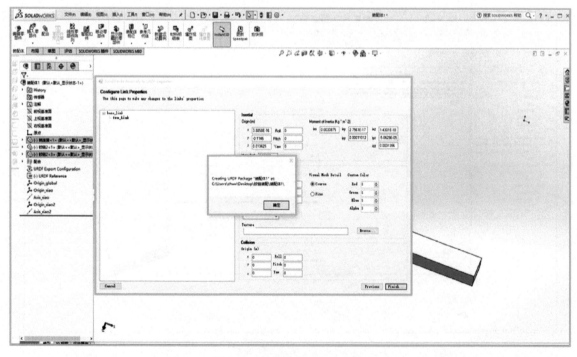

图 4-9　完成导出 URDF 文件

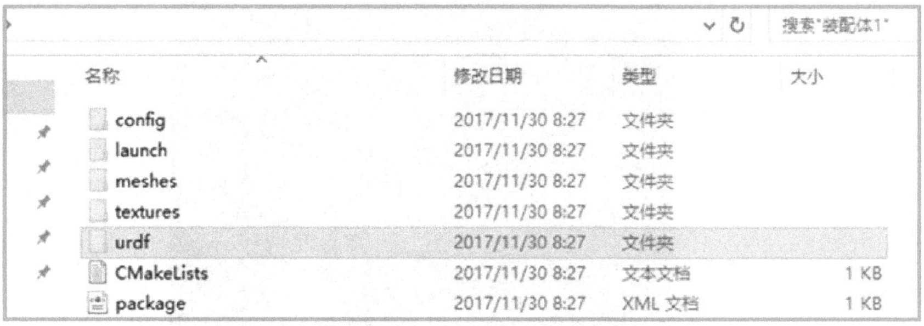

图 4-10 查找 URDF 文件

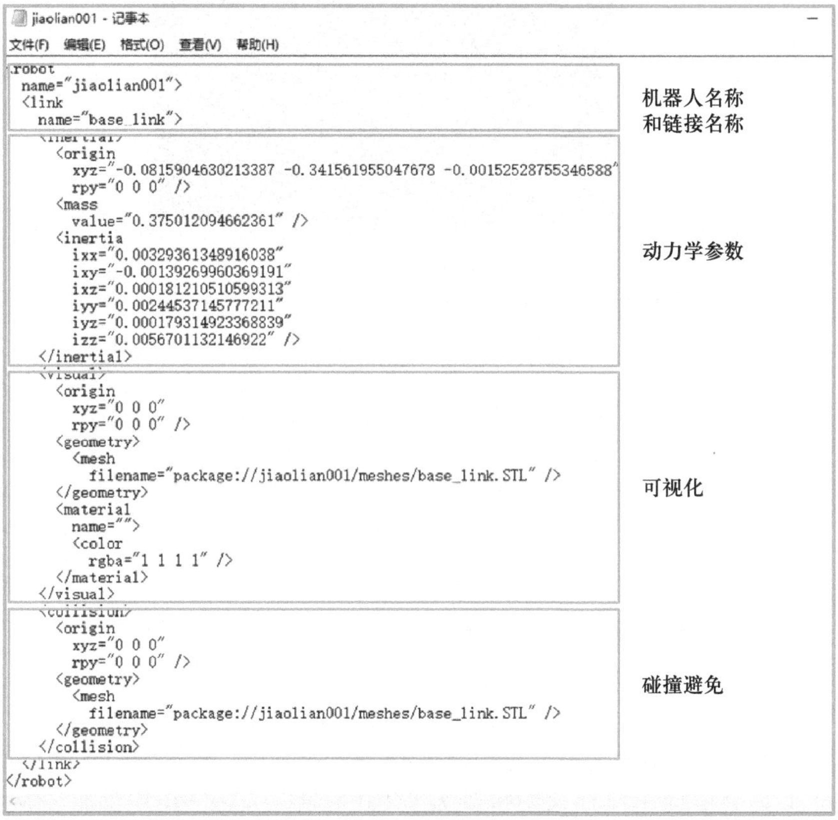

图 4-11 URDF 文件内容

导入的 URDF 文件如图 4-12 所示。

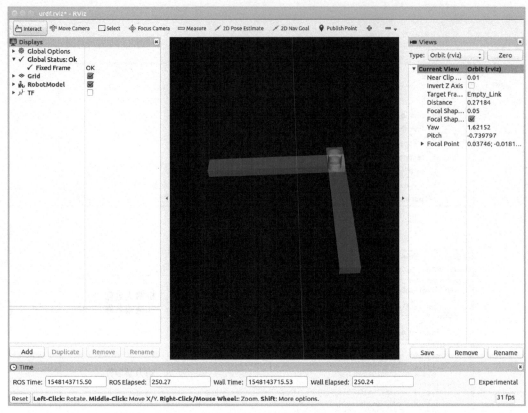

图 4-12　导入的 URDF 文件

4.3　机器人模型导入

在 ROS 中，机器人的模型通过使用 URDF 文件导入 MoveIt 配置助手来生成。URDF 的全称为 Unified Robot Description Format，它是基于 XML 语言统一机器人描述格式的文件，内容包括连杆、关节名称、运动学参数、动力学参数、可视化模型、碰撞检测模型等。机器人模型的描述还有另一种文件：SRDF 文件，它是 MoveIT 的配置文件，配合 URDF 文件使用。MoveIt Setup Assistant 工具会根据用户导入的机器人 URDF 模型，生成 SRDF 文件，从而生成一个 MoveIt 的功能包，来完成机器人的互动、可视化和仿真。

ROS 可以通过 URDF 文件对机器人硬件进行抽象化描述。接下来用 mra7a 机器人的 URDF 文件来描述这种模型导入方法。在得到 URDF 文件之后，从 ROS 中应用下面的指令打开 moveit_setup_assistant 模块，开始进行 mra7a 机器人的配置。

```
$ROSlaunch moveit_setup_assistant setup_assistant.launch
```

MoveIt Setup Assistant 的应用界面如图 4-13 所示。

图 4-13　MoveIt Setup Assistant 的应用界面

在 MoveIt 中加载 URDF 文件时,可以选择创建新的 MoveIt 配置包,也可以选择编辑已经存在的 MoveIt 配置包,在这里选择创建新的 MoveIt 配置包。当选择创建新的 MoveIt 配置包时,界面会要求选择模型,此时找到 mra7a 机器人的 URDF 文件的存放位置,如图 4-14 所示。

图 4-14　加载 mra7a 机器人的 URDF 文件

然后单击 Load Files 加载 URDF 模型, 开始配置 mra7a 机器人。

1. 碰撞矩阵

单击左侧边栏的 Self-Collisions 按钮, 将会启动自碰撞检测, 如图 4-15 所示。

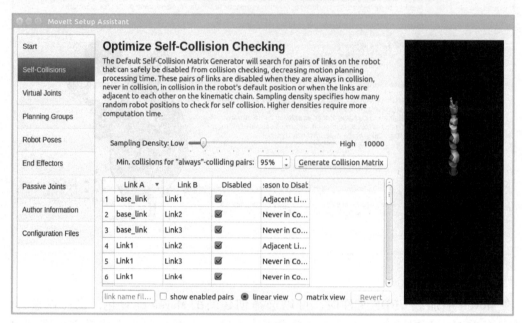

图 4-15　自碰撞检测

在自碰撞检测中, 默认的自碰撞矩阵生成器会搜索并分析机器人身上的多条手臂分支, 生成碰撞矩阵。这样可以使机器人在保证安全的情况下, 免于碰撞矩阵的检测, 减少运动规划的时间。当设置了碰撞区之后, 如果机械臂的连杆一直处在碰撞区或者机械臂的运动连杆之间并联时, 碰撞检测则是被禁用的。采样密度 (sampling density) 决定了在自碰撞检测中机器人随机位置的采样数量, 采样密度越高, 所需要的计算时间也越长, 默认值是 10 000 次碰撞检查。碰撞检查同时进行以减少处理时间。

2. 虚拟关节

通常, 需要定义额外的关节来指定机器人与世界坐标系的根链接的姿势。在这种情况下, 使用一个虚拟链接来指定这个链接。如像 PR2 这样的移动机器人在平面上移动, 它是通过一个平面的虚拟关节来确定的, 如图 4-16 所示, 这个关节将世界坐标系框架链接到机器人的框架上。一个固定的机器人应该用一个固定的关节固定上。

3. 规划组

规划组是 MoveIt 的一个核心概念, MoveIt 总是在特定的规划组中运行。规划组仅仅是一个关节和链接的集合。每个组都可以用几种不同的方式来指定。

a. collection of joint

一个组可以被指定为一个关节的集合, 每个关节的所有子链接都会自动包含在组中。

b. collection of link

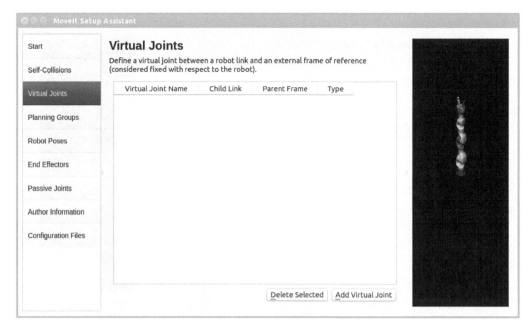

图 4-16　设置虚拟关节

一个组可以被指定为一个链接的集合，链接的所有父关节也包含在组中。

c. serial chain

一个串行链是由基本链接和末端链接指定的。链上的末端链接是链上最后一个关节的子链接。链中的基本链接是链接中第一个关节的父链接。

d. collection of sub-groups

一个组也可以是组的集合。如图 4-17 所示，将左手臂和右手臂定义为两个组，然后定义一个名为双臂的新组包含这两个组。

4. 机器人位姿

通过该选项为上面的特定规划组件设置多组关节值，为规划组件指定多种位姿。由图 4-18 可以看出，为 mra7a 机器人设置了 7 个特定的位姿。

5. 末端执行器

通过末端执行器为机器人添加执行元件，如图 4-19 所示。在该例中添加双指开合机构作为末端执行器，在添加过程中需要指定末端执行器组件、父类组件以及末端执行器组件与父类组件之间的链接方式。

6. 被动关节和作者信息

被动关节是机器人上不受驱动的关节，例如在差动驱动机器人中被动的脚轮，它们是在 SRDF 中单独指定的，以确保运动规划或控制管道中的不同部件或关节不能被直接控制。在 mra7a 机器人中没有被动关节，因此不用添加。通过 MoveIt 设置助手添加机器人模型时，需要添加模型的作者及邮件信息，否则会在后续生成的模型文件中出现错误。

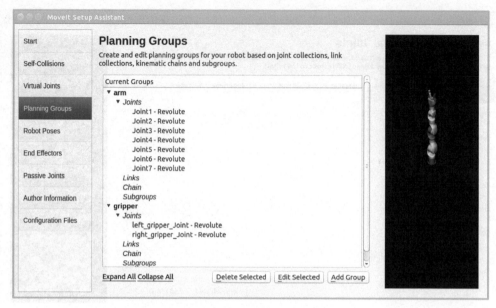

图 4-17　设置规划组件

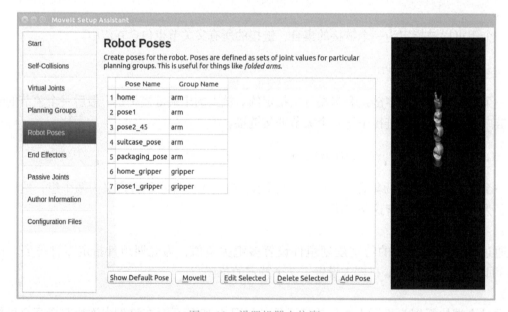

图 4-18　设置机器人位姿

7. 机器人配置文件

在以上步骤完成之后，通过该选项对机器人模型进行配置。指定模型存放位置之后，单击 Generate Package 即可生成机器人的模型，如图 4-20 所示。

通过以上的步骤生成了 mra7a 机器人的模型包 mra7a_moveit_config，将该包放入 R7/src/mra7a 文件夹中，并回到 R7 根目录下运行 catkin_make 指令，将机器人模型包加入 R7 的工作空间内，运行如下指令就可以看到 mra7a 机器人模型，如图 4-21 所示。

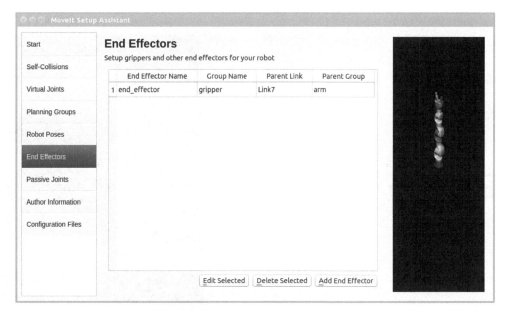

图 4-19　设置末端执行器

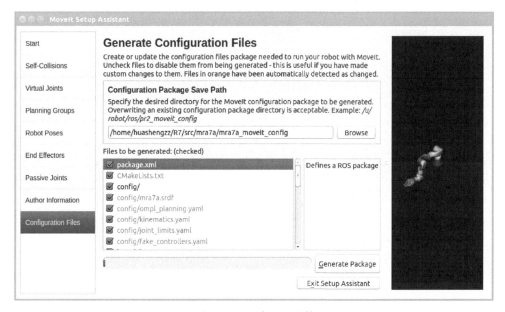

图 4-20　生成配置文件

```
$ROSlaunch mra7a_moveit_config demo.launch
```

4.3 机器人模型导入

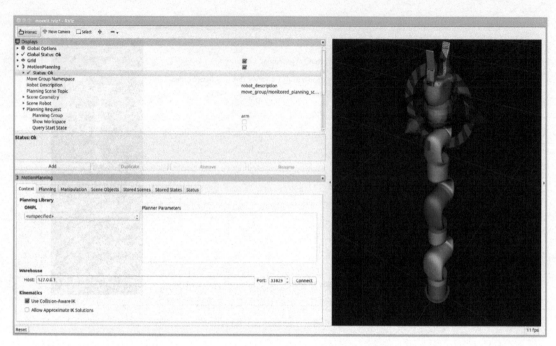

图 4-21　mra7a 机器人模型

第五章

机器人控制环境的建立

5.1 RViz 仿真工具

5.1.1 RViz 仿真工具简介

RViz（The ROS Visualization Tool）是依赖于 Arbotix 模拟器开发的一个三维显示和运行软件，用来模拟机器人在现实世界中的运行效果。它可以运行 move_group 节点并显示机器人的运动状态和轨迹，同时也可以实现和机器人的交互等，为机器人的研发提供参考依据。

在开启 ROScore 后，在终端输入 ROSrun RViz RViz 指令就可以启动 RViz 显示界面，如图 5-1 所示。

由于没有加载任何机器人模型，因此中央显示区为空。工具栏中的选项有 File、Panels 和 Help 三个选项，主要作用是保存机器人状态配置文件，添加功能插件，以及帮助选项。RViz 默认的功能显示界面有 Tools、Displays、Time 以及 Views 这几个选项。其中，Tools 主要包含 Interact、Move Camera、Select 等选项，它们的功能是辅助显示机器人的运行状态；Displays 是显示各种主题信息，例如机器人的状态、运动轨迹、Marker 以及点云等信息；Time 主要是显示 ROS 系统时间、墙上时间（wall time）以及 RViz 运行开始到运行结束所用的时间；Views 主要是用来选择 RViz 的观察坐标系。状态栏中有 Reset 按钮和机器人动画帧率的显示，Reset 主要用来对 RViz 中的参数进行重新加载，回到初始状态。

界面中央是 Displays 插件的可视化显示区域，通过 Displays 指定显示参数，例如固定坐标系、背景颜色、栅格等参数。通过 Add 选项可以添加并运行其他功能插件，并显示出其运行状态，如图 5-2 所示。

添加其他功能插件时，可以通过显示选项添加，也可以通过主题信息进行添加。

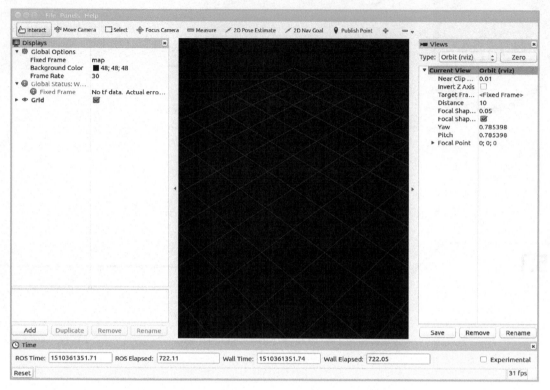

图 5-1　RViz 显示界面

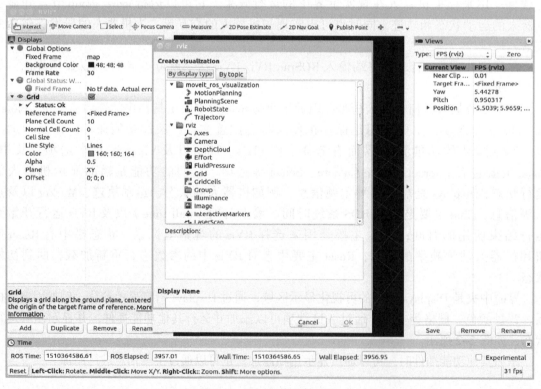

图 5-2　添加其他功能插件

5.1.2 RViz 仿真工具的使用

在第四章中利用 moveit_setup_assistant 功能包生成了 mra7a_moveit_config 软件包。运行如下指令打开该软件包中的 demo.launch 文件。

```
$ROSlaunch mra7a_moveit_config demo.launch
```

该文件是在 RViz 中添加 MotionPlanning 插件，并将 mra7a 机器人模型导入 RViz 软件并在其中显示，如图 5-3 所示。

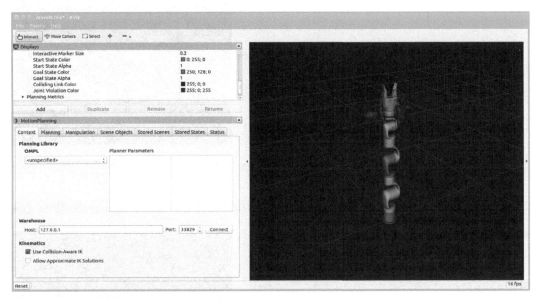

图 5-3　将 mra7a 机器人模型导入 RViz

可以看出，该机器人已经添加了相应的交互点。通过拖动该交互点就可以指定 mra7a 机器人的目标位置；在 Displays 中目标位置通过 Query Goal State 来指定，颜色信息可以通过 Goal State Color 来指定。除此之外，也可以通过 Query Start State 和 Start State Color 来指定机器人的初始状态和颜色信息，如图 5-4 所示。

在 MotionPlanning 插件中的 Context 选项卡中可以看到机器人的轨迹规划插件（Planning Library）、节点仓库（Warehouse）以及运动学插件（Kinematics）等信息。这些信息可以在机器人控制程序中进行更改。然后在 Planning 选项卡中单击 Plan 选项进行机器人的运动规划动画显示。该动画默认重复进行，但是可以在 Display 中关闭 Loop Animation 选项结束动画循环；Show Trail 选项可以显示机器人的轨迹拖影效果，如图 5-5 所示。

当有实体机器人或者其他仿真软件（如 Gazebo）时，在 MotionPlanning 插件中单击 Planning 选项卡中的 Execute 选项可以让实体机器人或仿真模型进行运动。Planning 选项卡除了能够发送 Plan 和 Execute 命令之外，还可以显示机器人的运算参数配置情况等。

除此之外，在 MotionPlanning 中还有 Manipulation、Scene Objects 等选项卡，它们用来分析机器人的避障和实际运行效果等信息。

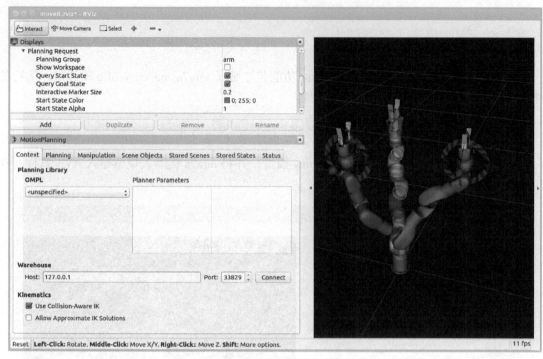

图 5-4　设定初始状态和目标位置信息

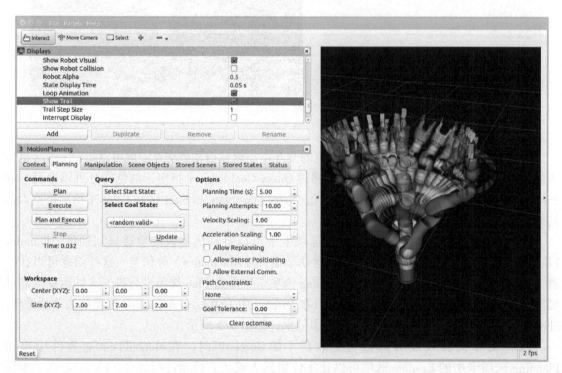

图 5-5　运动规划动画显示

5.2.1   Gazebo 仿真工具简介

    Gazebo 是一款专门用于模拟真实环境的仿真工具软件，它可以实现模拟机器人在真实的环境中的运行情况，为机器人的研发提供重要的参考。Gazebo 与 ROS 之间的交互用 Gazebo_ROS_control 插件实现。图 5-6 所示是 Gazebo、ROS 和实体机器人之间的交互方式，从中可以看出 Gazebo 和 ROS 控制的主体差别很小，只是在传送数据和接收数据时会有所差别。当参数设置合理时，机器人模型在 Gazebo 中运行成功之后，对应的实体机器人也会运行成功。

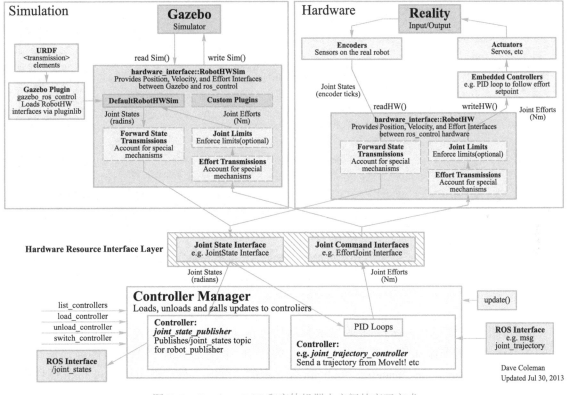

图 5-6   Gazebo、ROS 和实体机器人之间的交互方式

5.2.2   Gazebo 仿真工具的使用

    Gazebo 仿真工具通过 Gazebo_ROS 功能包与 ROS 进行连接。通过以下命令可以实现 Gazebo_ROS 的安装：

```
$sudo apt-get update
$sudo apt-get install ROS-kinetic-Gazebo-ROS-pkgs ROS-kinetic-Gazebo-
ROS-control
```

在完成安装后，启动 ROScore 进入 ROS 环境，通过以下指令验证 Gazebo 是否安装成功：

```
$source ./devel/setup.bash
$ROSrun Gazebo_ROS Gazebo
```

如果安装成功之后出现如图 5-7 所示的 Gazebo 运行界面，表明已经和 ROS 连接成功，因为此时还没有加载任何物体，所以界面内容是空的。

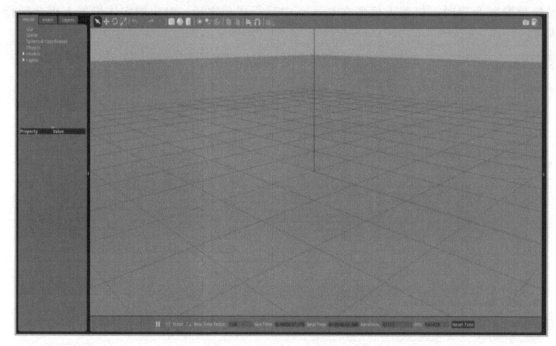

图 5-7　Gazebo 运行界面

mra7a 机器人模型在 Gazebo 中的显示和运动也是通过 URDF 文件实现的。为了实现机器人的关节运动，需要添加传动连接。Gazebo 中的传动、颜色以及模型加载插件等，是通过在 URDF 中添加 transmission、material 和 plugin 来实现的，除此之外，还可以通过 limit 属性标签指定每个运动关节的最大运动范围、力矩以及速度等。

1. transmission

transmission 属于硬件抽象层的部分，其主要作用是给电动机发送控制命令以及读取其控制状态。mra7a 机器人的 transmission 的使用如下：

```
<transmission name="tranN">
  <type>transmission_interface/SimpleTransmission</type>
```

```
<joint name="JointN">
<hardwareInterface>PositionJointInterface</hardwareInterface>
</joint>
<actuator name="motorN">
<hardwareInterface>PositionJointInterface</hardwareInterface>
  <mechanicalReduction>1</mechanicalReduction>
</actuator>
</transmission>
```

其中 N（0~6）表示 mra7a 的关节轴号；<transmission> 标签定义传递关系的唯一名字；<type> 标签表示 transmission 的使用类型，常用 SimpleTransmission 类型；<joint> 表示使用的关节轴，其中包含关节轴的硬件接口；<actuator> 标签表示关节轴使用的电动机，其中包含关节轴的硬件接口以及传动比等信息。

2. material

material 用于表示机器人连杆的颜色，只要在 <script> 标签中修改 <name> 中的 Orange 属性就可以更改机器人连杆的颜色，它的语句格式如下：

```
<Gazebo reference="LinkN">
<visual name="Gazebo_color_LinkN">
<material>
<script>
<uri>file://media/materials/scripts/Gazebo.material</uri>
<name>Gazebo/Orange</name>
</script>
</material>
</visual>
</Gazebo>
```

3. plugin

Gazebo 仿真工具中的 plugin 用于在 Gazebo 环境中添加控制插件。在 Gazebo 环境中加入 Gazebo_ROS_control 控制插件的示例代码如下：

```
<Gazebo>
  <plugin name="Gazebo_ROS_control" filename="libGazebo_ROS_
control.so">
    <robotNamespace>/seven_dof_arm</robotNamespace>
  </plugin>
</Gazebo>
```

在进行上述设置之后，通过下面的指令就可以查看到机器人模型：

```
$ROSlaunch mra7a_Gazebo mra7a_Gazebo_world.launch
```

运行之后的模型如图 5-8 所示，所有的关节都位于初始位置。

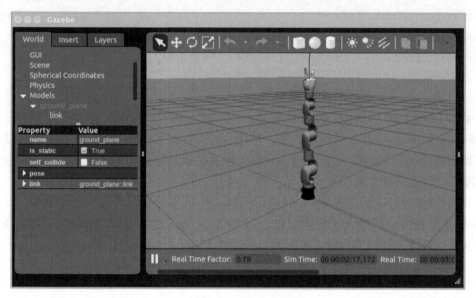

图 5-8　加载机器人模型

此时，在 Gazebo 仿真工具中还不能对模型进行控制，还需要在模型中添加 controller（控制器）对机器人进行驱动。添加 controller 时需要在 mra7a_Gazebo 和 mra7a_moveit_config 的 config 文件夹中使用 YAML 文件分别添加。在 Gazebo 中添加控制器的方式如下：

（1）关节状态控制器。Gazebo 中的关节状态控制器放在 mra7a_Gazebo_joint_state_controller.yaml 中，它的格式如下：

```
mra7a:
 #Publish all joint states --------------------------------
 joint_state_controller:
  type: joint_state_controller/JointStateController
publish_rate:50
```

其主要作用是发布所有关节的运行状态，发布频率为 50 Hz。

（2）关节驱动控制器。Gazebo 中的关节驱动控制器放在 mra7a_Gazebo_joint_controller.yaml 中，它的格式如下：

```
mra7a:
 arm_trajectory_controller:
  type:"position_controllers/JointTrajectoryController"
```

```
    joints:
        - Joint1
        - Joint2
        - Joint3
        - Joint4
        - Joint5
        - Joint6
        - Joint7
    constraints:
     goal_time:0.5
     Joint1:
        goal:0.1
     Joint2:
        goal:0.1
     Joint3:
        goal:0.1
     Joint4:
        goal:0.1
     Joint5:
        goal:0.1
     Joint6:
        goal:0.1
     Joint7:
        goal:0.1
    gains:
     Joint1:{p:1000.0,i:0.0,d:0.1,i_clamp:0.0}
     Joint2:{p:1000.0,i:0.0,d:0.1,i_clamp:0.0}
     Joint3:{p:1000.0,i:0.0,d:0.1,i_clamp:0.0}
     Joint4:{p:1000.0,i:0.0,d:0.1,i_clamp:0.0}
     Joint5:{p:1000.0,i:0.0,d:0.1,i_clamp:0.0}
     Joint6:{p:1000.0,i:0.0,d:0.1,i_clamp:0.0}
     Joint7:{p:1000.0,i:0.0,d:0.1,i_clamp:0.0}
gripper_trajectory_controller:
 type:"position_controllers/JointTrajectoryController"
 joints:
```

```
      - left_gripper_Joint
      - right_gripper_Joint
    constraints:
     goal_time:0.5
     left_gripper_Joint:
       goal:0.1
     right_gripper_Joint:
       goal:0.1
    gains:
     left_gripper_Joint:{p:50.0,d:1.0,i:0.01,i_clamp: 1.0}
     right_gripper_Joint:{p:50.0,d:1.0,i:0.01,i_clamp: 1.0}
```

这两个文件是为 Gazebo 的机器人添加接口，可以与 move_group 节点接口建立控制连接，而在 move_group 中还未进行接口建立，因此需要在 mra7a_moveit_config 包的 config 文件夹中加入 controller.yaml 文件，格式如下：

```
controller_manager_ns:controller_manager
controller_list:
  - name:mra7a/arm_trajectory_controller
    action_ns:follow_joint_trajectory
    type:FollowJointTrajectory
    default:true
    joints:
      - Joint1
      - Joint2
      - Joint3
      - Joint4
      - Joint5
      - Joint6
      - Joint7
```

通过对以上文件进行设置之后，就将 move_group 节点和 Gazebo 进行了连接，连接完毕之后，通过以下指令就可以打开 Gazebo 界面：

```
$ROSlaunch mra7a_Gazebo mra7a_bringup_RViz_Gazebo.launch
```

通过以上指令，ROS 将 move_group 节点产生的数据传输到 Gazebo 软件中实现机器人的仿真。在开启 Gazebo 的过程中会同时开启 RViz 及 move_group 节点，以便观测机器人的运动状态。上述指令运行的结果类似于图 5-9 和图 5-10 所示，这样就将 mra7a 机器人模型导入 RViz 和 Gazebo 中，在驱动过程中，RViz 和 Gazebo 中机器人的动作是同步的。

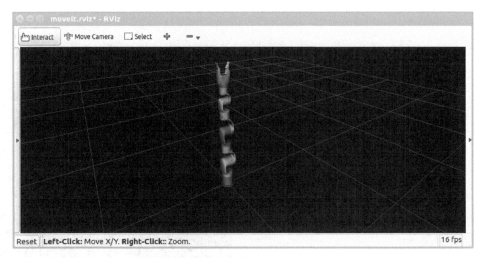

图 5-9　mra7a 机器人模型导入 RViz

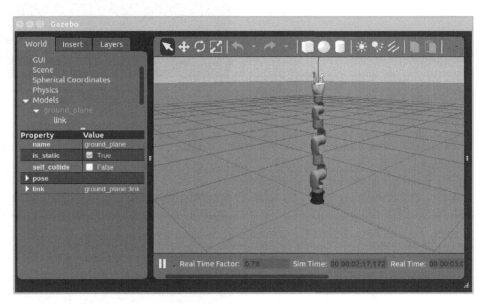

图 5-10　mra7a 机器人模型导入 Gazebo

　　然后就可以在该环境中完成机器人模型在 Gazebo 中的仿真。先进行机器人模型起始点的指定，如图 5-11 所示。

　　然后再进行机器人模型运动的仿真，当单击 Planning 选项卡中的 Execute 选项之后，可以看到 mra7a 机器人模型的运动如图 5-12 和图 5-13 所示。

　　由图 5-12 和图 5-13 可以看出，RViz 和 Gazebo 中的运动是一致的。

　　通过 Gazebo 的模拟仿真可以近似地展现实际环境中的运动场景，为机器人的开发提供重要的参考价值。

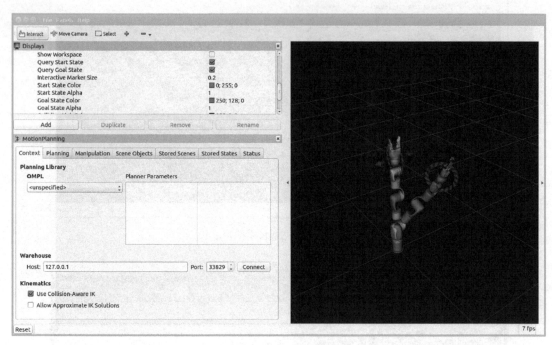

图 5-11　指定机器人模型起始点

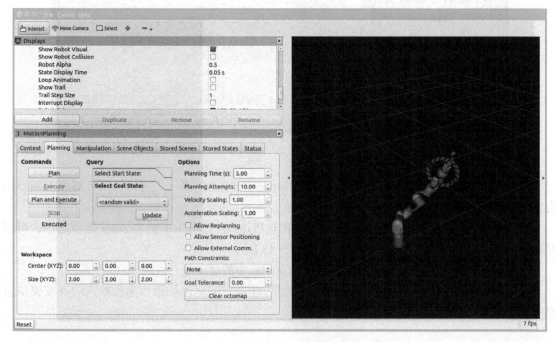

图 5-12　RViz 中运动执行

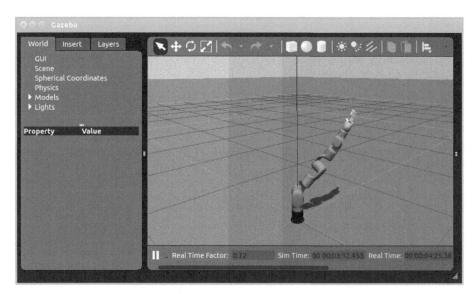

图 5-13 Gazebo 中的运动执行

第六章　机器人运动控制

6.1 实体机器人的驱动

6.1.1 ROS_control 简介

　　ROS_control 是连接机器人硬件和软件之间的接口。它包括一系列控制器接口、传动装置接口、硬件接口、控制器工具箱等，可以帮助机器人应用快速落地，提高开发效率。ROS_control 可以通过如下指令进行安装：

```
$sudo apt-get install ROS-kinetic-ROS-control ROS-kinetic- ROS-
controllers
```

　　图 6-1 所示是 ROS_control 的总体框架。从图 6-1 可以看到，针对不同类型的驱动器（底盘、机械臂等），ROS_control 提供了多种类型的控制器，如图中的 base_controller、arm_controller

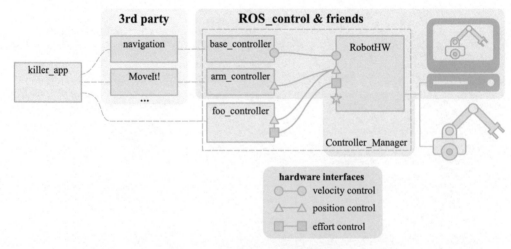

图 6-1　ROS_control 的总体框架

和 foo_controller 等，但是这些控制器的接口各不相同；为了提高代码复用率，ROS_control 还提供了一个硬件抽象层，如图中的 RobotHW，它对硬件进行管理，同时为控制器提供硬件资源，方便实现机器人的控制。

图 6-2 所示是 ROS_control 的工作原理图。controller_manager 对所有 controller（控制器）进行管理，而 ROS 为各控制器提供控制数据，并由控制器中的 e. g. PID Controller（PID 控制器）进行处理，处理过后的数据经由硬件抽象层（RobotHW）下发到硬件实现本体的控制。

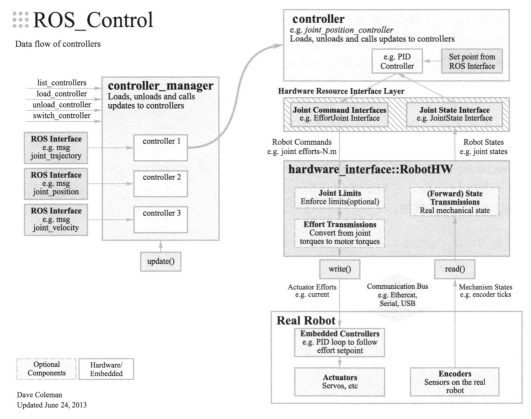

图 6-2　ROS_control 的工作原理图

下面对 ROS_control 中经常用到的一些概念进行简单介绍。

1. 控制器（controller）

它是 ROS_controller 包中的一系列可执行的控制器插件，默认的控制器列表如下：

```
effort_controllers
     joint_effort_controller
     joint_position_controller
     joint_velocity_controller
joint_state_controller
     joint_state_controller
```

```
position_controllers
        joint_position_controller
velocity_controller
        joint_velocity_controller
```

除了以上控制器，读者也可以根据需求自己编写控制器插件。

2. controller_manager

controller_manager 是对多个 controller 进行管理的控制管理器，应用通用接口管理不同的 controller，它提供了加载、卸载、启动和停止等多种操作，方便对多个 controller 进行操作，图 6-3 所示是 controller_manager 的工作原理图。

当 加 载 controller 时，controller_manager 将 会 根 据 controller 的名字获取 controller 的具体参数以及决定加载 controller 插件的类型。根据运行 controller 方式的不同，

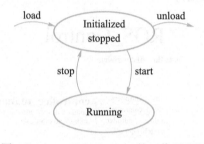

图 6-3　controller_manager 的工作原理图

controller_manager 会提供不同的工具来运行 controller。下面介绍运行 controller 的方法。

（1）命令行工具。在 ROS 中使用命令行启动 controller_manager，然后通过指定命令对 controller 进行操作。例如：

```
$ROSrun controller_manager controller_manager <command>
<controller_name>
```

其中，command 是对 controller 操作的命令，它有如下操作方式：

load：加载控制器（构建并进行初始化）。

unload：卸载控制器。

start：启动控制器。

stop：停止控制器。

spawn：加载并启动控制器。

kill：停止并卸载控制器。

也可以通过如下命令行查看 controller 的状态：

```
$ROSrun controller_manager controller_manager <command>
```

其中，command 有如下选项：

list：依次列出所有在运行的控制器及其运行状态。

list-types：列出所有 controller_manager 可识别的控制器，如果控制器不在该列表，将无法被启动。

reload-libraries：重新加载的 controller 插件，该选项无须重启机器人，之前已经运行过的插件无须运行，这对于 controller 的开发及测试很方便。

Reload-libraries --restore：重载所有的 controller 插件并将它们恢复至原始状态。

当机器人的控制器较多时，逐个启动 controller 就会比较麻烦，为了能够一次性地加载并

启动或停止并卸载多个 controller 时，可以使用 spawner 工具命令行。例如：

```
$ROSrun controller_manager spawner[--stopped]name1 name2 name3
```

当不指定 [--stopped] 命令时，该命令行会加载并启动多个 controller 插件；当指定 [--stopped] 命令时，仅仅加载 controller，而不会启动。当删掉 spawner 节点后，controller 会自动停止并卸载。

（2）编写 launch 文件。可以通过 launch 文件启动 controller_manager，但是使用这种方法时，launch 文件被关掉之后，controller 也会一直保持启动状态，因此在 launch 文件中通常会使用 spawner 工具来操作 controller，具体方法如下：

```
<launch>
<node pkg="controller_manager"type="spawner"args="controller_
name1 controller_name2"/>
</launch>
```

（3）图形工具启动。可以使用 rqt 中的插件 rqt_plugin_manager 图形工具来启动 controller，并将启动的 controller 信息显示出来。该插件可以通过 rqt 插件选项启动，也可以通过如下命令启动：

```
$ROSrun rqt_controller_manager rqt_controller_manager
```

（4）ROS API（Application Programming Interface）接口。为了与其他的 ROS 节点的控制器进行交互，controller_manager 提供了以下几种服务调用方式：

controller_manager/load_controller（controller_manager_msgs/LoadController）：该服务请求包含了要加载的控制器的名字，而响应包含了一个布尔值来表示控制器加载成功或失败。

controller_manager/unload_controller（controller_manager_msgs/UnloadController）：该服务请求包含了要卸载的控制器的名称，而响应包含了一个表示成功或失败的布尔值。控制器只能在当其处于停止状态的时候被卸载。

controller_manager/switch_controller（controller_manager_msgs/SwitchController）：该服务请求包含了要启动的控制器的名称列表，要停止的控制器名称列表和一个表明规范性的整型值（int）（strictness：BEST_EFFORT 或 STRICT）。STRICT 表示，如果出现任何错误（无效的控制器名称、控制器启动失败等），则控制器的切换（switching）将会失败并导致空操作（no-op）；BEST_EFFORT 表示，即使控制器出现了一些问题，该服务仍然会尝试启动 / 停止余下的控制器。服务响应包含了一个表示成功或失败的布尔值。如果只是停止或者只是启动控制器，控制器启动或停止的列表可能为空。

controller_manager/list_controllers（controller_manager_msgs/ListControllers）：该服务返回所有当前加载的控制器。响应包括以下信息：控制器的名称、状态（运行或停止）、类型、硬件接口和占用的资源。

controller_manager/list_controller_types（controller_manager_msgs/ListControllerTypes）：该服务返回 controller_manager 已知的所有控制器类型。只有已知的控制器类型可以构建。

controller_manager/reload_controller_libraries（controller_manager_msgs/Reload ControllerLibraries）：该服务重新加载所有可作为插件的控制器库。当正在开发控制器时，无须每次重新启动机器人就可以方便地测试控制器代码。此服务只在控制器没有加载的情况下工作。

3. transmission

transmission 是机器人的传动系统，属于硬件抽象层，机器人的每个运动关节都需要配置相应的 transmission，一般是通过 XML 文件来实现的。它的写作格式已经在 5.2 节中进行了描述。

4. hardware interface

hardware interface 是一系列硬件接口的集合，主要由硬件资源管理器提供，它是 controller 和 RobotHw 的接口。hardware interface 默认提供的接口如下：

```
Joint Command Interfaces
        Effort Joint Interface
        Velocity Joint Interface
        Position Joint Interface
Joint States Interface
Actuator State Interface
Actuator Command Interface
    Effort Actutor Interface
    Velocity Actuator Interface
    Position Actuator Interface
Force-torque sensor Interface
IMU sensor Interface
```

除了上述硬件接口，也可以根据需要自己编写硬件接口。

5. Joint Limits

Joint Limits 也属于硬件抽象层，它主要由代表关节限制的数据结构构成，通常从机器人的 URDF 文件中加载，或者从 ROS 的参数服务器中加载，这些数据不仅包含关节速度、位置、加速度等信息，还包含安全作用位置软限位、速度边界和位置边界等。

Joint Limits 不是被 controller 单独使用，而是在 controller 状态更新之后，被硬件抽象层的 write 函数使用。外部限制将会覆盖 controller 设置的指令，它不会在单独的原始数据缓冲区中运行。

Joint Limits 可以通过 URDF 文件或 YAML 文件进行加载。URDF 文件中的写法已经在第三章进行了详细说明，而 YAML 文件的编写方法如下：

```
joint limits:# 关节限制
    foo_joint:#foo 关节
        has_position_limits:true # 位置限制
        min_position:0.0 # 最大值
```

```
        max_position:1.0 #最小值
        has_velocity_limits:true #速度限制
        max_velocity:2.0
        has_acceleration_limits:true #加速度限制
        max_acceleration:5.0
        has_effort_limits:true #力限制
        max_effort:5.0
    bar_joint:#bar 关节
        has_position_limits:false
        has_velocity_limits:true
        max_velocity:4.0
```

YAML 文件的编写格式固定，但是需要根据不同的机器人的关节需求做相应调整。

6.1.2　实体机器人控制

与在 Gazebo 中控制机器人模型类似，通过 ROS_control 对实体机器人进行控制，需要通过硬件抽象层提供接口实现控制消息及主题的发送和订阅。下面以 mra7a 机器人为例，介绍 ROS_control 的使用方法。在 mra7a 机器人中，硬件抽象层和硬件驱动的文件为 mra_hardware_interface.cpp 和 joint_control.cpp 文件。它们所表达的硬件驱动方法可以用图 6-4 所示的流程图表示。

下面对其中的流程进行说明：

1. 在 ROS 中进行硬件识别并加载

在硬件抽象层中，首先需要读取电动机的状态，以方便识别机器人目前的位姿。在 mra_hardware_interface.cpp 中首先识别机器人是否为单臂机器人，在确认后，对机器人的硬件进行加载，程序如下：

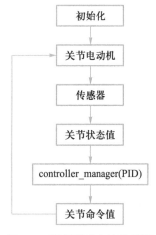

图 6-4　硬件驱动方法流程图

```
MRAHardwareInterface::MRAHardwareInterface():
joint_mode_(1),
loop_hz_(100)
{
// 判断机器人是双臂还是单臂
if(mra_basic_config::isDualArm){
ROS_INFO("\033[22;34m[hardware_interface]:Reset dual
arms'hardware'%s",Color_end);
  // 计算机器人的关节数
num_mra_joints=mra_basic_config::L_joint_names.size()+mra_
basic_config::R_joint_names.size();
```

```
// 初始化机器人的构造函数
L_mra_hw_.reset(new mra_control::ArmHardwareInterface(mra_
basic_config::L_joint_names,loop_hz_,L_ARM_COMMAND_TOPIC));
R_mra_hw_.reset(new mra_control::ArmHardwareInterface(mra_
basic_config::R_joint_names,loop_hz_,R_ARM_COMMAND_TOPIC));
}else{
ROS_INFO("\033[22;34m[hardware_interface]:Reset single arm's'
hardware' %s",Color_end);
num_mra_joints=mra_basic_config::joint_names.size();
mra_hw_.reset(new mra_control::ArmHardwareInterface(mra_basic_
config::joint_names,loop_hz_,JOINT_COMMAND_TOPIC));
}
// 设置关节电动机运行方式
jm_interface_.registerHandle(hardware_interface::JointModeHandle
("joint_mode",&joint_mode_));
```

2. 读取硬件状态

通过下面的程序获取电动机的状态:

```
/* 从 JOINT_STATE_TOPIC 获取电动机的状态数据,并由 MRAHardwareInterface::
stateCallback 回调函数对该数据进行处理 */
sub_joint_state_=nh_.subscribe<sensor_msgs:: JointState>(JOINT_
STATE_TOPIC,1,
&MRAHardwareInterface::stateCallback,this);
```

MRAHardwareInterface：: stateCallback 回调函数如下:

```
// 订阅关节状态
void MRAHardwareInterface::stateCallback(const sensor_msgs::
JointStateConstPtr& msg)
{
// 检测订阅消息中的关节值是否对应
if( msg->name.size()!=this->num_mra_joints)
{
ROS_ERROR("the size[%d]of joint state is not equal%d", msg->name.
size(),
this->num_mra_joints);
return;
}
// 读取消息值并为该消息加入现在的时间戳
```

```
state_msg_=msg;
state_msg_timestamp_=ROS::Time::now();
}
```

3. 加载关节控制功能接口

```
// 循环扫描,从机器人硬件中获得关节状态信息
do
{
// Loop until we get our first joint_state message from MRA
while(ROS::ok()&& state_msg_timestamp_.toSec()==0)
{
ROS_INFO_STREAM_NAMED("hardware_interface","Waiting for first state
message to be recieved");
ROS::spinOnce();
ROS::Duration(0.25).sleep();
}
}while(state_msg_->name.size()!=this->num_mra_joints);
// 初始化机器人硬件接口
if(mra_basic_config::isDualArm){
L_mra_hw_->init(js_interface_,ej_interface_,vj_interface_,pj_
interface_,&joint_mode_,state_msg_);
R_mra_hw_->init(js_interface_,ej_interface_,vj_interface_,pj_
interface_,&joint_mode_,state_msg_);
} else{
mra_hw_->init(js_interface_,ej_interface_,vj_interface_, pj_
interface_,&joint_mode_,state_msg_);
}
// 加载硬件接口
registerInterface(&js_interface_);
registerInterface(&jm_interface_);
registerInterface(&ej_interface_);
registerInterface(&vj_interface_);
registerInterface(&pj_interface_);
// 对机器人硬件进行使能操作
bool enabled=false;
while(!enabled)
{
if( !mra_util_.enableMRA() )// 检测关节使能情况
```

```
{
ROS_WARN_STREAM_NAMED("hardware_interface","Unable to enable
mra,retrying...");
ROS::Duration(0.5).sleep();
ROS::spinOnce();
}
else
{
enabled=true;
}
}
```

4. 创建控制器

```
ROS_DEBUG_STREAM_NAMED("hardware_interface","Loading controller_
manager");
// 初始化控制器
controller_manager_.reset(new controller_manager::ControllerMan
ager(this,nh_));
ROS::Duration update_freq=ROS::Duration(1.0/loop_hz_);
// 为机器人的控制数据更新值添加时间序列（该数值更新是非实时的）
non_realtime_loop_=nh_.createTimer(update_freq,&MRAHardwareInter
face::update,this);
ROS_INFO_NAMED("hardware_interface","Loaded mra_hardware_
interface.");
}
```

5. 更新控制数据

```
void MRAHardwareInterface::update(const ROS::TimerEvent& e)/
// 检测消息的实时性
if(stateExpired())
return;
elapsed_time_=ROS::Duration(e.current_real-e.last_real);
if(mra_basic_config::isDualArm)// 判断机器人的结构(单臂还是双臂)
{
// 读取机器人的状态
L_mra_hw_->read(state_msg_);
R_mra_hw_->read(state_msg_);
//Control// 开始或停止或转换所有controller,这些调用都是由该函数产生
```

```
controller_manager_->update(ROS::Time::now(),elapsed_time_);
// 更新数据
L_mra_hw_->write(elapsed_time_);
R_mra_hw_->write(elapsed_time_);
}else{
// 单臂机器人
// 读取机器人状态
mra_hw_->read(state_msg_);

// 通过 controller_manager 控制机器人
controller_manager_->update(ROS::Time::now(),elapsed_time_);
// 更新数据
mra_hw_->write(elapsed_time_);
}
```

在上述硬件抽象层中，通过关节名加载硬件接口，然后将控制数据发送到硬件驱动文件中。硬件驱动程序为 joint_control.cpp，下面对硬件驱动程序进行解释说明。

6. 从 CAN 总线中读取数据

```
void copy_ID_in_current_canbus()
{
// 初始化关节号
jointID.clear();
cout<<"Joint ID in CANBUS:";
for(std::vector<Joint>::iterator iter=userControlOnCan->controller.
allJoint.begin();
iter!=userControlOnCan->controller.allJoint.end();++iter)
{
// 读取关节 ID
cout<<"---"<<iter.base()->ID;
jointID.push_back(iter.base()->ID);
}
cout<<endl;
cout<<Color_light_cyan<<"Sort Joint ID:";
std::sort(jointID.begin(),jointID.end());
for(std::vector<int>::iterator iter=jointID.begin();iter!=
jointID.end();++iter)
{
cout<<"---"<<*iter;
}
```

```
cout<<Color_end<<endl;

cout<<"Finger ID in CANBUS:";
for(std::vector<Gripper>::iterator iter=userControlOnCan->controller.
allGripper.begin();
iter!=userControlOnCan->controller.allGripper.end();++iter)
{
// 输出手指 ID
cout<<"---"<<iter.base()->ID;
GRIPPER_ID=iter.base()->ID;
}
cout<<endl;
}
```

7. 关节电动机发送控制命令

```
void joint_command_callback(const mra_core_msgs:: JointCommandConstPtr
&msg)// 给关节发送控制目标
{
// 判断关节的状态和消息传递的状态是否相同
if(mra_state.canbus_state==mra_core_msgs::AssemblyState:: CANBUS_
STATE_NORMAL){
for(int i=0;i<jointID.size();i++)
{
// 根据电动机关节标签值,将控制信息发送到关节端口
bool isSent=userControlOnCan->setJointTagPos(jointID [i],msg->
command[i]);
if(isSent==false)
{
senting_error=true;
ROS_WARN("Senting is failure in ID:%d",jointID[i]);
}
}
if(senting_error)
{
error_count++;// 保存错误记录,同时清除错误
senting_error=false;
}
else
```

```
{
error_count=0;
}
// 尝试次数大于 5 次后,发送错误显示
if(error_count>=5)
{
ROS_ERROR("Senting Error Number>=5");
}}}
```

8. 初始化应用接口

```
void MRA_API_INIT(const std_msgs::Bool &reset)
{
// 初始化应用接口
userControlOnCan=new UserControlOnCan();
if(userControlOnCan->Init(CAN_NODE_DEV.c_str()))
{
copy_ID_in_current_canbus();
// 设置电动机状态为 mra_core_msgs::AssemblyState::CANBUS_STATE_NORMAL
mra_state.canbus_state=mra_core_msgs::AssemblyState:: CANBUS_
STATE_NORMAL;
// 电动机使能
mra_state.enabled=true;
for(int i=0;i<jointID.size();i++){
// 设置 CAN 总线,自动更新当前位置
userControlOnCan->setJointAutoUpdateCurPos(jointID[i],true);
}
}else{
std::string s;
//userControlOnCan->controller.GetErrorText(s);
//ROS_ERROR("Can´t Open the peak can driver:%s",s.c_str());
}
if(userControlOnCan->controller.allGripper.size()!=0){
gripper=userControlOnCan->findGripperID(mra_basic_config::GRIPPER_
ID);
gripper->setFingerLimTorque(450);
}}
```

通过上述函数控制电动机，程序如下：

```
ROS::init(argc,argv,"joint_control");
ROS::NodeHandle n;
// 停止1s,等待系统加载参数
sleep(1);
// 节点n获取系统参数
get_param(n);
// 设置数据更新频率为100Hz
ROS::Rate loop_rate(CONTROL_RATE);//default 100Hz
// 初始化关节电动机参数
mra_state.enabled=false;
mra_state.ready=true;
mra_state.error=false;
mra_state.canbus_state=mra_core_msgs::AssemblyState:: CANBUS_
STATE_INTERRUPT;
mra_state.interruptJoints.resize(jointID.size());
// 初始化电动机硬件接口
std_msgs::Bool reset;
reset.data=0;
MRA_API_INIT(reset);
// 订阅 mra_hardware_interface.cpp 中的节点指令
ROS::Subscriber sub_joint_command=n.subscribe(JOINT_COMMAND_
TOPIC,1,&joint_command_callback);
// 发布关节传感器状态
ROS::Publisher joint_state_pub=n.advertise<sensor_msgs::
JointState>(JOINT_STATE_TOPIC,1000);// 发送关节状态
// 是否发布关节状态
ROS::Publisher state_pub=n.advertise<mra_core_msgs:: AssemblyState>
(STATE_TOPIC,1);// 发送CAN总线状态是否存在
// 初始化关节电动机
ROS::Subscriber sub_reset_MRA_API=n.subscribe(RESET_MRA_API_
TOPIC,10,&MRA_API_INIT);
// 订阅手指命令
ROS::Subscriber sub_gripper_command=n.subscribe (GRIPPER_
COMMAND,1,&gripper_command_callback)
// 初始化关节电动机状态
sensor_msgs::JointState joint_state;
joint_state.position.resize(jointID.size());
```

```
joint_state.velocity.resize(jointID.size());
joint_state.effort.resize(jointID.size());
joint_state.name.resize(jointID.size());
joint_state.name=joint_names;
while (ROS::ok()){
if(mra_state.canbus_state==mra_core_msgs::Assembly-State::
CANBUS_STATE_NORMAL){
```

获得关节运动状态，并进行发布：

```
for(int i=0;i<jointID.size();i++)
{
joint_state.position[i]=userControlOnCan->readJoint-CurPos
(jointID[i]);
joint_state.velocity[i]=userControlOnCan->readJoint-
CurSpd(jointID[i]);
joint_state.effort[i]=userControlOnCan->readJoint-
CurI(jointID[i]);
}
joint_state_pub.publish(joint_state);//发布关节电动机的传感器状态

/*pub mra_state
for(int i=0;i<jointID.size();i++){
//If any joint position>0.01 radio,the mra's joints are not in
home position.Set ready=false.
joint_state.position[i]>0.01?mra_state.ready=false:
mra_state.ready=true;
}*/
// 发布关节状态
state_pub.publish(mra_state);
}
/*loop_rate default 100Hz*/
loop_rate.sleep();
ROS::spinOnce();
}
ROS::spin();
return 0;
}
```

6.2.1 MoveIt 概述

MoveIt 是目前针对机械臂移动操作最先进的软件，它综合了运动规划、控制、三维感知、运动学和导航的最新成果。MoveIt 为工业、商业、研发等领域提供了开发先进机器人应用、评估机器人新产品设计以及构建集成化机器人产品的易用平台。目前，MoveIt 广泛应用于开源软件的操作，且已经应用在大量的机器人平台上。

1. 系统架构

图 6-5 所示为 MoveIt 系统架构。其中 Move_group 是 MoveIt 的核心部分，它像一个组合器，可以综合机器人的各独立组件，为用户提供一系列需要的动作指令和服务。系统架构各部分介绍如下。

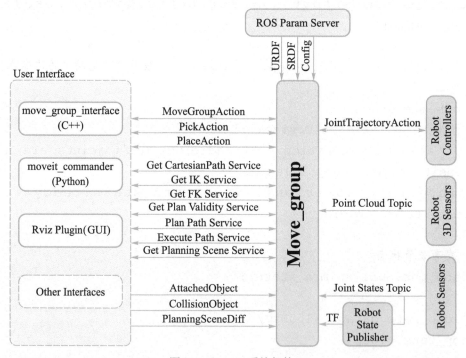

图 6-5 MoveIt 系统架构

（1）用户接口（User Interface）

MoveIt 的用户接口有：C++ 的 move_group_interface 包；Python 的 moveit_commander 包；图形用户界面（GUI）的 Rviz Plugin（插件）以及其他接口（Other Interfaces）。

（2）配置

Move_group 是一个 ROS 节点，它从参数服务器获得三种信息：URDF 文件、SRDF 文件和

MoveIt 配置文件。

（3）机器人接口

Move_group 通过 ROS Topic 和 Action 与机器人进行通信来获取机器人的位置、节点等信息，并且获取点云或其他传感器数据再传递给机器人的控制器。它包含如下的内容：

关节状态信息：监听 joint_states 话题确定状态信息。

坐标变换信息：通过 ROS TF 库来监视坐标变换信息。

控制器接口：通过 ROS 的 Joint Trajectory Action 接口来使用控制器。

场景规划：Move_group 使用场景规划监视器来维护场景规划，场景是世界和机器人状态的表现，机器人状态包含机器人刚性连接到机器人上的所有物体。

可扩展能力：机器人接口有很强的可扩展能力，可以把运动学、抓取、运动控制等独立的包作为插件供 MoveIt 使用。

从 MoveIt 系统架构图中可以看到，Move_group 类似于一个积分器，本身并不具备丰富的功能，主要做各功能包、插件的集成。它通过响应或服务的形式接收机器人上传的点云信息、关节的状态消息，还有机器人的 TF 库，另外还需要 ROS 的参数服务器提供机器人的运动学参数。这些参数会在使用 MoveIt Setup Assistant 的过程中根据机器人的 URDF 模型文件，创建生成 SRDF 文件和配置文件。

2. 运动规划

假设已知机器人的初始姿态和目标姿态，以及机器人和环境的模型参数，那么就可以通过一定的算法，在躲避环境障碍物和防止自身碰撞的同时，找到一条到达目标姿态的较优路径，这种算法就称为机器人的运动规划。

MoveIt 通过插件进行运动规划，使其便于和不同的运动规划库链接，方便扩展。机器人和环境模型的静态参数由 URDF 文件提供，在默认场景下还需要加入三维摄像头、激光雷达来动态检测环境变化，避免与动态障碍物发生碰撞。

（1）运动规划器

在 MoveIt 中，运动规划算法由运动规划器完成。运动规划算法有很多，每一个运动规划器都是 MoveIt 的一个插件，可以根据需求选用不同的规划算法。运动规划器接口通过 ROS Action 或 Service 方式提供。Move_group 默认使用的是 OMPL（Open Motion Planning Library）规划器，其接口通过 MoveIt Setup Assistant 配置。

OMPL 是一个开源的运动规划库，主要是执行随机规划器。MoveIt 直接整合 OMPL，使用其库里的运动规划器作为主要的一套规划器。OMPL 规划器是抽象的，例如：OMPL 没有机器人的概念。MoveIt 配置 OMPL，并且提供一个后端处理用于解决机器人的问题。

运动规划流程如图 6-6 所示，首先需要发送一个运动规划的请求（Motion Plan Request）（比如一个新的终端位置）给运动规划器（motion_planner），而运动规划器也不能随意计算，可以根据实际情况，设置一些约束条件：

位置约束：约束 link 的位置；

方向约束：约束 link 的方向；

可见性约束：约束 link 上的某点在某区域的可见性；

关节约束：约束关节的运动范围；

用户自定义约束：用户通过回调函数自定义一些需要的约束条件。

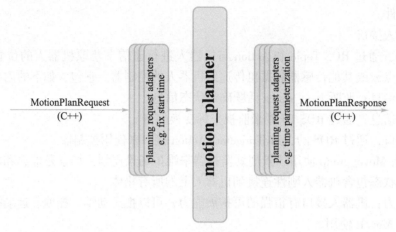

图 6-6　运动规划流程

　　根据这些约束条件和用户的规划请求，运动规划器通过算法计算出一条合适的运动轨迹，并回复给机器人控制器。运动规划器两侧，还分别有一个规划请求适配器（planning requestadapter）接口，主要功能是预处理运动规划请求和响应的数据，使之满足规划和使用的需求。这里所用的适配器种类有很多，以下是 MoveIt 默认使用的一些适配器：

　　Fix Start State Bounds：如果一个关节的状态稍微超出了关节的极限，那么这个适配器可以修复关节的初始极限。

　　Fix Workspace Bound：这个适配器可以设置一个（10 m，10 m，10 m）的规划空间。

　　Fix Start State Collision：如果已有的关节配置文件会导致碰撞，这个适配器可以采样新的碰撞配置文件，并且根据一个 jiggle_factor 因子修改已有的配置文件。

　　Fix Start State Path Constraints：如果机器人的初始姿态不满足路径约束，这个适配器可以找到附近满足约束的姿态作为机器人的初始姿态。

　　Add Time Parameterization：运动规划器规划得出的轨迹只是一条空间路径，这个适配器可以为这条空间轨迹进行速度、加速度约束。可以通过 ROStopic echo（）查看规划的路径数据，这个适配器其实就是把空间路径按照距离等分，然后在每个点加入速度、加速度、时间等参数。

　　（2）规划场景

　　如图 6-7 所示的规划场景可以为机器人创建一个具体的工作环境，并且可加入一些障碍物。规划场景这一功能主要由 Move_group 节点中的 Planning Scene Monitor 来实现，主要监听如下信息：

　　状态信息：由 joint_state 主题发布；

　　传感器信息：利用世界几何监视器以及视觉传感器进行采集；

　　世界几何信息：由 planning_scene 主题发布。

　　（3）世界几何监视器与三维感知

　　如图 6-8 所示为世界几何监视器与三维感知。世界几何监视器通过使用来自机器人的传感器信息和使用者的输入信息来建立世界的几何描述。它使用 Occupancy Map Monitor 建立围绕机器人的三维感知环境和通过 planning_scene 主题中附带的参数来增加对象的信息。

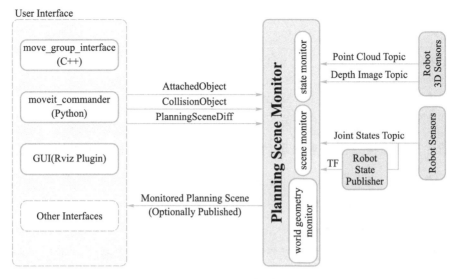

图 6-7　规划场景

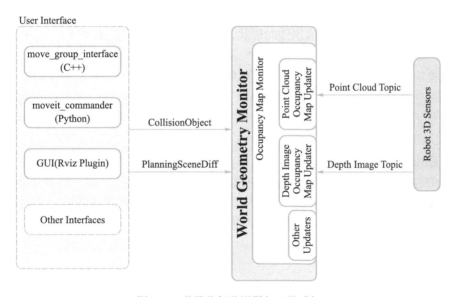

图 6-8　世界几何监视器与三维感知

在 MoveIt 中，三维感知通过 Occupancy Map Monitor 使用插件来管理不同的传感器输入。MoveIt 有两个内置支持可以处理以下两种输入：

点云：通过 Point Cloud Occupancy Map Updater 插件使用；

深度图像：通过 Depth Image Occupancy Map Updater 插件使用。

（4）运动学

运动学算法是机械臂各种算法中的核心，尤其是逆运动学算法（inverse kinematics，IK）。MoveIt 通过使用插件的形式可以让用户灵活地选择需要的逆运动学算法，也可以选择自己编写的算法。MoveIt 中默认的逆运动学插件配置使用 KDL numerical jacobian-based solver，它是由 Moveit Setup Assistant 自动配置，配置生成的文件如下。

```
#kinematics.yaml
manipulator:
  kinematics_solver:kdl_kinematics_plugin/KDLKinematicsPlugin
  kinematics_solver_search_resolution:0.005
  kinematics_solver_timeout:0.005
  kinematics_solver_attempts:3
```

使用插件，可以很方便地求出运动学方程、逆运动学方程、雅可比矩阵。使用的函数是：

```
getGlobalLinkTransform;setFromIK;getJacobian。
```

此外，运动学中还包含以下的内容：

IKFast 插件：用来生成自己的运动学求解器插件。实现这样求解的一种方法是使用 IKFast 包产生特定工作机器人的 C++ 代码。

碰撞检测：在场景规划中，碰撞检测通过 CollisionWorld 对象来配置，由 FCL（Flexible Collision Library）包来执行。

碰撞对象：定义检查可能碰撞组件的形状，基本形状有：boxes（盒子）、cylinders（圆柱）、spheres（球）等。Octomap 对象能直接用于冲突检测。

碰撞免检矩阵：在运动规划里，碰撞检测是最耗时的运算，往往会占用 90% 左右的计算时间，为了减少计算量，可以通过设置 ACM（Allowed Collision Matrix），即碰撞免检矩阵来进行优化。如果两个对象之间的 ACM 设置为 1，则意味着这两个对象之间永远不会发生碰撞，不需要碰撞检测。

（5）轨迹处理

MoveIt 中包含轨迹处理程序。而运动规划器一般只生成路径，这个路径不带时间信息。轨迹处理程序对结合路径和时间参数化的关节，通过限制速度和加速度来生成轨迹。这些限制是通过 joint_limits.yaml 文件为每个机器人指定的。

6.2.2　运动控制程序编写

机器人运动控制程序包含许多内容，基本的控制程序包含随机轨迹、目标位置、路径约束以及笛卡儿路径等。下面，分别解析一下实现这些控制的部分核心程序。

1. 随机轨迹

通过 RViz 的 planning 插件的功能，可以为 mra7a 机器人产生一个随机的目标位置，让机器人完成运动规划并移动到目标点。使用代码同样可以实现相同的功能，如下所示：

```
static const std::string PLANNING_GROUP="arm";
moveit::planning_interface::MoveGroupInterface move_group(PLANNING_
GROUP);
move_group.setRandomTarget();
move_group.move();
```

该段程序表示用 std::string 字符串定义一个静态 PLANNING_GROUP 变量，并初始化为"arm"。在 moveit 的工作空间的子空间 planning_interface 中，用 MoveGroupInterface 类实例化 move_group（）对象，对象 move_group（）函数的参数为 PLANNING_GROUP 变量。然后在 moveit_group 对象中访问 setRandomTarget（）成员函数，随机产生一个目标位置。最后在 move_group 对象中访问 move（）成员函数，开始运动规划，并且让机械臂移动到目标位置。

在这个程序中，planning_interface::MoveGroupInterface 用来声明一个机械臂的示例，后边都是针对该示例进行控制。通过这个程序就可以为机器人生成一个随机轨迹，让机器人完成运动规划并移动到目标点。

2. 目标位置

可以为末端执行器规划一个运动到达一个期望的目标位置。具体程序如下：

设置一个机器人的目标位置。

```
geometry_msgs::Pose target_pose;
target_pose.orientation.w=0.42625;
target_pose.orientation.x=6.04423e-07;
target_pose.orientation.y=-0.687386;
target_pose.orientation.z=2.41813e-07;
target_pose.position.x=0.126;
target_pose.position.y=2.572e-07;
target_pose.position.z=0.6836;
move_group.setPoseTarget(target_pose);
```

在 geometry_msgs 工作空间定义一个 Pose 类的对象 target_pose。然后给 target_pose 对象的成员变量进行依次赋值，并且访问 move_group 对象的成员函数 setPoseTarget（），该函数的参数为 target_pose 变量。

现在，调用规划器去计算规划，计算机器人移动到目标的运动轨迹。

```
moveit::planning_interface::MoveGroupInterface::Plan my_plan;
bool success=move_group.plan(my_plan);
ROS_INFO_NAMED("Visualizing plan 1(pose goal)%s", success?" ":
"FAILED");
```

在 moveit 空间的子空间 planning_interface 空间中，定义一个 MoveGroupInterface 类的成员 Plan 的对象实体 my_plan。定义一个布尔常量 success，并初始化为对象 move_group 的成员函数 plan（），该函数的变量为 my_plan，成功则返回 true。没成功则打印 FAILED。

目标位置的程序对比生成随机目标的程序，主要不同是加入了设置目标位置的部分代码。此外，这里规划路径使用的是 plan（），这个对应 RViz 中 planning 的 plan 按钮，只规划路径，可以在界面中看到规划的路径，但是并不会让机器人开始运动，如果要让机器人运动，需要使用 execute（my_plan），对应 RViz 中的 execute 按钮。

3. 路径约束

路径约束可以在机器人的一个链接上很容易被指定，程序主体如下：

首先需要定义路径约束。

```
moveit_msgs::OrientationConstraint ocm;
ocm.link_name="Link7";
ocm.header.frame_id="base_link";
ocm.orientation.w=1.0;
ocm.absolute_x_axis_tolerance=0.1;
ocm.absolute_y_axis_tolerance=0.1;
ocm.absolute_z_axis_tolerance=0.1;
ocm.weight=1.0;
```

在 moveit_msgs 工作空间中，定义一个 OrientationConstraint 类的对象实体 ocm。然后将 ocm 对象的成员变量 Link_name 和 header.frame_id 分别初始化为 "Link7" 和 "base_link"。最后对 ocm 对象的成员变量进行初始化。

现在将其设置为组的路径约束。

```
moveit_msgs::Constraints test_constraints;
test_constraints.orientation_constraints.push_back(ocm);
move_group.setPathConstraints(test_constraints);
```

在 moveit_msgs 工作空间中，定义一个 Constraints 类的对象实体 test_constraints。然后访问对象 test_constraints 的成员变量 orientation_constraints，并在变量尾端插入一项 ocm 数据。最后访问对象 move_group 的成员函数 setPathConstraints（），该函数的参数为 test_constraints。

下面为开始状态设置一个新的姿势。

```
robot_state::RobotState start_state(*move_group.getCurrentState());
geometry_msgs::Pose start_pose1;
start_pose1.orientation.w=0.4632;
start_pose1.position.x=-2.8662;
start_pose1.position.y=0.4886;
start_pose1.position.z=-3.256;
start_state.setFromIK(joint_model_group,start_pose1);
move_group.setStartState(start_state);
```

在 robot_state 工作空间中，使用 RobotState 类实例化 start_state（）对象函数。该函数的参数是一个 move_group 对象的指针函数变量。之后在 geometry_msgs 工作空间中，定义一个 Pose 类的对象实体 start_pose1。再对 start_pose1 对象的成员变量进行初始化。然后访问对象 start_state 的成员函数 setFromIK（），该函数的参数为之前定义的 joint_model_group 和 start_pose1。最后访问 move_group 对象的成员函数 setStartState（），该函数的参数为 start_state。

从刚才新创建的开始状态规划到之前的目标姿态。

```
move_group.setPoseTarget(target_pose);
move_group.setPlanningTime(10.0);
success=move_group.plan(my_plan);
ROS_INFO_NAMED("Visualizing plan 2(constraints path)%s",success?
"":"FAILED");
```

访问对象 move_group 的成员函数 setPoseTarget（），该函数的参数为 target_pose。之后访问对象 move_group 的成员函数 setPlanningTime（），规划时间参数设置为 10 s。再定义一个常量 success，并初始化为 move_group 对象的成员函数 plan（），函数变量为 my_plan，成功则返回 true。不成功则打印 "FAILED"。

当完成路径约束后确保清除路径约束。

```
move_group.clearPathConstraints();
```

通过访问对象 move_group 的成员函数 clearPathConstraints（），用来清除路径约束。

6.2.3　生成 IKFast 插件

1. MoveIt IKFast 插件

在 ROS 中有一个默认的数字 IK 解析器是 KDL（Kinematics and Dynamics Library）。KDL 主要应用于大于 6 自由度的机器人。而在小于或等于 6 自由度的机器人中，可以使用分析求解器，它比像 KDL 这样的数字解析器更快。大多数工业机械臂是小于或等于 6 自由度的，因此为机械臂创建一种分析求解器插件很有必要。工业机器人也可以在 KDL 解析器上运行，但是如果想要快速进行 IK 分析，则需要选取如 IKFast 模块的包来为 MoveIt 生成分析求解插件。

IKFast 是机器人运动学的编译器，它是 OpenRAVE 运动规划软件提供的一个强大的逆运动学求解器。IKFast 可以分析求解任意复杂运动链的运动学方程，并产生特定语言（如 C++）的文件为后面进行使用。应用 IKFast 进行分析求解的最终结果是产生稳定的解决方案，并在最新的处理器上能以 5 μs 的时间完成运算。MoveIt IKFast 是一种利用 OpenRAVE 生成的 cpp 文件来生成 IKFast 运动学插件的工具。

下面，以 mra7a 机器人为例来学习怎样生成 IKFast 插件。

2. 生成 MoveIt IKFast 插件的准备

（1）安装 MoveIt IKFast 工具，有两种安装方式：

① 二进制 debs 包安装：

```
$sudo apt-get install ROS-kinetic-moveit-ikfast
```

② 源安装：

在 catkin 工作空间输入：

```
$git clone
```

（2）安装 OpenRAVE，有两种安装方式：

① 二进制 debs 包安装：

```
$sudo apt-get install ROS-kinetic-openrave
```

② 源安装：

```
$git clone--branch latest_stable
$cd openrave && mkdir build && cd build
$cmake..
$make-j4
$sudo make install
```

3. 创建 collada 文件

首先需要将机器人的 URDF 文件转化为基于 OpenRAVE 格式的机器人描述文件。而系统中有一个 ROS 包称为 collada_URDF，它包含将 URDF 文件转化为 collada 文件（.dae）的节点。复制 mra7a 机器人的 URDF 文件到工作文件夹，然后利用如下命令转化成 collada 文件：

```
$ROSrun collada_URDF URDF_to_collada mra7a.URDF mra7a.dae
```

输入如下的命令查看生成的 collada 文件中的链接：

```
$openrave-robot.py mra7a.dae--info links
```

然后输入如下命令测试生成的 collada 文件：

```
$openrave mra7a.dae
```

4. 生成 IKFast 解析方法的 cpp 文件

生成 IKFast 解析方法的 cpp 文件需要用到之前生成的 collada 文件，还需要选择 IK 类型，常用的 IK 类型是 transform6d。

如果有多于 1 个机械臂或规划组用于生成 IK 解析方法，则先选择其中的一个来生成。然后需要确定链接数，链接数即为 base_link 和 end_link 之间的 IK 会计算的链接的索引数。可以通过观察机器人模型的链接清单来计算链接数，使用如下的命令来观察计算：

```
$openrave-robot.py mra7a.dae--info links
```

最后使用下面的命令生成 IK 求解：

```
python'openrave-config--python-dir'/openravepy/_openravepy_/
ikfast.py
   --robot=mra7a.dae--iktype=transform6d--baselink=1  --eelink=8--
freeindex=4
   --savefile=mra7a_ikfast7.cpp
```

因为 mra7a 为 7 自由度机器人，所以需要指定一个 free link，即在上述命令中增加了 --freeindex=4。

5. 创建 Moveit IKFast 插件

创建包含 IKFast 插件的包：

```
$cd~/mra7a/src
$catkin_create_pkg mra7a_moveit_ikfast_plugin
```

编译工作空间：

```
$cd~/mra7a
$catkin_make
```

使用如下命令创建插件源码：

```
$ROSrun moveit_ikfast create_ikfast_moveit_plugin.py mra7a arm
$mra7a_moveit_ikfast_plugin mra7a_ikfast7.cpp
```

上述命令中用到了机器人名称 mra7a、规划组名 arm 以及之前创建的插件包和 cpp 文件。

然后再次编译，生成插件：

```
$cd~/mra7a
$catkin_make
```

编译结束后就会生成新插件库，供 Moveit 使用。

6. 使用并测试插件

IKFast 插件与默认的 KDL IK 求解器具有相同的功能，但是 IKFast 插件大大提高了性能。MoveIt 的配置文件是由 moveit_ikfast 脚本自动编辑，但也可以在机器人的 Kinematics.yaml 文件中通过更改 Kinematics_solver 参数，在 KDL 和 IKFast 之间切换调用。

在 Kinematics.yaml 文件中将如下程序：

```
kinematics_solver:mra7a_arm_kinematics/IKFastKinematicsPlugin
```

替换为

```
kinematics_solver:kdl_kinematics/KDLKinematicsPlugin
```

其他不变。

最后在 RViz 中使用如下命令测试生成的插件：

```
$ROSlaunch mra7a_moveit_config demo.launch
```

6.2.4 轨迹规划

机器人的轨迹规划技术是机器人控制中的核心技术，它的作用是根据作业任务，使机器人的末端沿既定的轨迹进行运动。

机器人的轨迹规划一般分为两种：关节坐标系的轨迹规划和笛卡儿空间坐标系的轨迹规划。关节坐标系中的轨迹规划是将机器人的各轴关节通过独立规划，最终使所有的关节到达目标点。在进行关节坐标系的轨迹规划时，需要对机器人的轴关节进行插补计算。

1. 关节坐标系的轨迹规划

在机器人的控制中，关节坐标系的轨迹规划可以由控制器自动进行插补，不需要人为控制。在 MoveIt 中，只需要指定笛卡儿坐标系中的总运行时间，系统会自动对关节坐标系的轨迹规划进行插补计算。

2. 笛卡儿坐标系的轨迹规划

笛卡儿坐标系的轨迹规划是在大地坐标系中指定机器人最后一个关节的运动轨迹。这个运动轨迹是可以直接被观测到的。当机器人在笛卡儿坐标系中从一点运动到另一点时，可以有多种到达方法，这时机器人可以通过独立规划每个关节的运动范围，然后让它们同时到达各自的终点，这样就可以实现从空间中的一点到达另一点的控制要求。当要求通过两点之间的曲线有轨迹要求时，就需要机器人的各个关节相互配合沿既定轨迹一步一步地到达终点，而实现机器人按步运动的方法称为插补。机器人运动通常会用到三种曲线形式：直线、圆弧和样条曲线，每种曲线都需要进行插补运算。

（1）直线插补。当机器人的末端进行直线运动时，需要使用直线对机器人的轨迹进行规划。众所周知，在空间中确定一条直线需要使用两个点，机器人末端从一个点沿直线到达另一个点时是有轨迹限制的，因此机器人末端的需要逐点运动。

已知空间中直线的两个端点 $p_0\,(x_0,\ y_0,\ z_0)$，$p_n\,(x_n,\ y_n,\ z_n)$，将两点之间的线段部分等分成 n 段，生成 $n+1$ 个点，然后让机器人末端沿这 $n+1$ 个点进行运动，那每个点的坐标为：

$$p_{i+1}=p_i+i\Delta L$$

$$\Delta L=\frac{p_n-p_0}{n}$$

这样就可以生成一系列的轨迹点，在 ROS 节点中通过程序来实现，下面分块介绍直线插补主体程序的实现方法。

利用 straight_line_loadDate（）函数下载直线端点坐标，如下程序所示。

```
bool Trajectory::Cartesian_trajectory::trajector_line::straight_line_
loadData(Eigen::Vector3d &pN,Eigen::Vector3d &pM)
{
cartesian_pose_0=pN;
cartesian_pose_N=pM;
return straight_line_interplotation();
}
```

然后利用 straight_line∷straight_line_interplotation（）等函数对下载的数据点进行直线插补以及数据压栈，如下所示。

```
bool Trajectory::Cartesian_trajectory::trajector_line:: straight_
line_value(std::vector<geometry_msgs::Pose> &px)
{
px=point_pass;
return true;
}
std::vector<geometry_msgs::Pose>cubic_line_arouse (Eigen::Vector3d
&pA,Eigen::Vector3d &pB)
{
Trajectory::Cartesian_trajectory::trajector_line Trajectory_ line;
Trajectory_line.straight_line_loadData(pA,pB);
std::vector<geometry_msgs::Pose>px;
geometry_msgs::Pose initial_pose;
initial_pose.position.x=pA[0];
initial_pose.position.y=pA[1];
initial_pose.position.z=pA[2];
px.push_back(initial_pose);
Trajectory_line.straight_line_value(px);
return px;
}
```

　　利用 cartesian_trajectory（）函数下载插补数据，并驱动 mra7a 机器人进行运动，程序如下：

```
bool cartesian_trajectory(std::vector<geometry_msgs:: Pose>way_
points)
{
namespace rvt=RViz_visual_tools;
const static std::string PLANNING_GROUP="arm";
ROS::NodeHandle RViz_publish_nodehandle;
moveit::planning_interface::PlanningSceneInterface planning_
scene_interface;// 与 RViz 的世界进行连接
ROS::Publisher
moveit_visual_tools::MoveItVisualTools visual_tools ("/world");
moveit_msgs::DisplayTrajectory display_trajectory;
moveit::planning_interface::MoveGroupInterface mra7a_node(PLANNING_
GROUP);
```

　　　　　　　　6.2 机械臂运动控制

```
    const robot_state::JointModelGroup *joint_model_ group=mra7a_node.
getCurrentState()->getJointModelGroup(PLANNING_GROUP);
    mra7a_node.setMaxAccelerationScalingFactor(0.2);
    moveit_msgs::RobotTrajectory trajectory;
    const double jump_threshold=0.0;
    const double P_originalf_step=0.01;
    double fraction=mra7a_node.computeCartesianPath(way_points,P_
originalf_step,jump_threshold,trajectory);
    moveit::planning_interface::MoveGroupInterface::Plan plan;
    plan.trajectory_=trajectory;
    visual_tools.deleteAllMarkers();
    visual_tools.publishTrajectoryLine(plan.trajectory_,joint_
model_group);
    visual_tools.trigger();
    mra7a_node.execute(plan);
    ROS_INFO("tutorial,Visualizing plan 4(cartesian path) (%.2f%%
achieved",fraction*100);
    }
```

最后，在主程序中指定直线轨迹的两点，并用对机器人进行驱动，程序如下：

```
    int main(int argc,char*argv[])
    {
    ROS::init(argc,argv,"trajectory_planner");
    ROS::AsyncSpinner spinner(1);
    spinner.start();
    Eigen::Vector3d pA(0.25,0.25,0.4);
    Eigen::Vector3d pB(0.3,0.3,0.45);
    cartesian_trajectory(cubic_line_arouse(pA,pB));
    spinner.stop();
    return 0;
    }
```

在 RViz 中和 Gazebo 中的运行结果如图 6-9 和图 6-10 所示。

（2）圆弧插补。机器人末端进行圆弧运动时，需要知道圆弧的起始点 $p_0(x_0, y_0, z_0)$，中间点 $p_d(x_d, y_d, z_d)$ 以及末端点 $p_n(x_n, y_n, z_n)$（这三点不在同一条直线上）。圆弧需要知道圆心 $O(x_o, y_o, z_o)$，半径 R 和圆心角 θ，下面来求解这三个条件。

① 圆心 O 和半径 R。p_0，p_d，p_n 三个点到圆心的距离相同，可以得到：

$$|p_0-O|=|p_d-O|$$

$$|p_d-O|=|p_n-O|$$

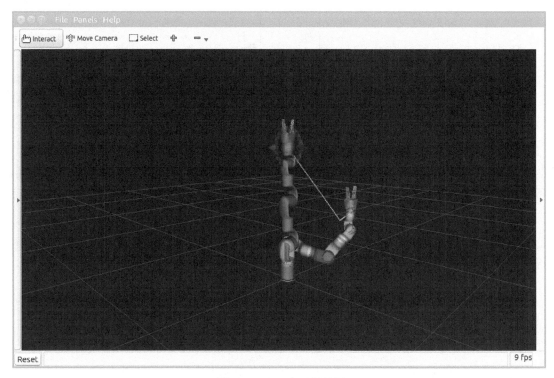

图 6-9　RViz 中运行结果

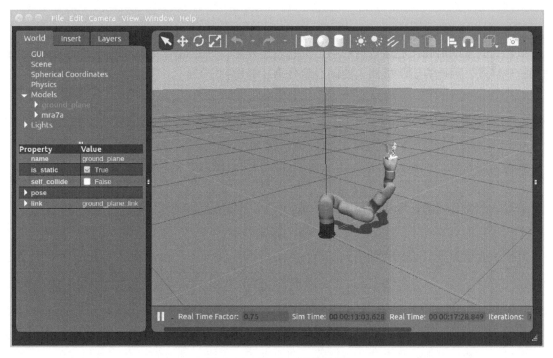

图 6-10　Gazebo 中运行结果

两个方程，同时由空间上不共线的三个点可以确定平面方程：

$$\begin{vmatrix} O & 1 \\ p_0 & 1 \\ p_d & 1 \\ p_n & 1 \end{vmatrix} = 0$$

联立这三个方程就可以得到圆心坐标，同时得到半径为：

$$R = |p_0 - O|$$

② 圆心角 θ。由于圆弧确定了其起点、中间点和终点，因此也就确定了圆弧的走向，因此圆弧平面的法矢量也就确定了，但是圆弧的圆心角有可能大于或小于180°，此时需要通过计算进行确定。通过 p_0，p_d，p_n 三点可以得到圆弧平面的法矢量为

$$n = p_{0d} \times p_{dn} = u\mathbf{i} + v\mathbf{j} + w\mathbf{k}$$

从 n 的正方向看，从 p_0 到圆弧始终是逆时针圆弧。同样，也可以得到 O，p_0，p_n 三点所构成平面的法向量

$$n_1 = p_{0O} \times p_{0n} = u_1\mathbf{i} + v_1\mathbf{j} + w_1\mathbf{k}$$

令 $H = uu_1 + vv_1 + ww_1$，当 $H \geq 0$ 时，n 和 n_1 方向相同，此时 $\theta \leq \pi$，即：

$$\theta = 2\sin^{-1}\left(\frac{|p_n - p_0|}{2R}\right)$$

当 $H < 0$ 时，n 和 n_1 方向相反，此时 $\theta > \pi$，即

$$\theta = 2\left(\pi - \sin^{-1}\left(\frac{|p_n - p_0|}{2R}\right)\right)$$

机器人的末端沿圆弧的运行过程中，也有轨迹要求，因此也需要进行插补，使末端逐点运动到轨迹终点。因此需要将机器人的圆心角分为 n 等份：

$$\delta = \frac{\theta}{n}$$

因此，沿圆弧每走一步的距离为：

$$\Delta s \approx \delta R$$

圆弧上的任意一点 $p_i(x_i, y_i, z_i)$ 沿前进方向的切矢量为：

$$\tau = n \times Op_i$$

经过一个插补周期，末端从 p_i 走到了 $p'_{i+1}(x'_{i+1}, y'_{i+1}, z'_{i+1})$，可以得到：

$$p'_{i+1} = p_i + \Delta p'_i = p_i + E\tau$$

其中 E 为常量，其表达式如下：

$$E = \frac{\Delta s}{|\tau|} = \frac{\Delta s}{R|n|}$$

综上所述，插补的初始点为 p_0。如果按照 p'_{i+1} 进行圆弧插补会产生误差，因此为了去除这个误差，需要对差不点进行修正。连接 O 和 p'_{i+1} 交圆弧于 p_{i+1} 点，该点便为实际的圆弧插补点，通过该点插补圆弧轨迹不会产生误差。通过求解，可以得到该插补点的方程为：

$$p_{i+1} = O + G(p_i + E\tau - O) \quad (i = 0, 1, \cdots, n)$$

其中 G 的表达式如下：

$$G = \frac{R}{\sqrt{R^2 + (\Delta s)^2}}$$

插补的初始点为 p_0。

生成的轨迹点可以通过程序来实现，下面分块介绍圆弧插补主体程序的实现方法。

通过 cubic_circle_loadData（）函数下载圆弧点数据，程序如下所示：

```
bool Trajectory::Cartesian_trajectory::trajectory_circle::cubic_
circle_loadData(double *pM,double *pN,double *pL)
{
for(int i=0;i<=2;i++)
{
pA[i]=pM[i];
pB[i]=pN[i];
pC[i]=pL[i];
}
return Trajectory::Cartesian_trajectory::trajectory_circle::Bcubic_
circle_interplotation();
}
```

通过 Bcubic_circle_loadData（）函数对圆弧进行插补，然后通过 cubic_circle_value（）得到所有的轨迹点：

```
bool Trajectory::Cartesian_trajectory::trajectory_circle::Bcubic_
circle_interplotation()//spatial circle
{
double theta_pass,via_value;
double A[3],B[3],C[3],D[3];
double x1=pA[0];double y1=pA[1];double z1=pA[2];double
x2=pB[0];double y2=pB[1];double z2=pB[2];double x3=pC[0];double
y3=pC[1];double z3=pC[2];
A[0]=y1*z2-y1*z3-z1*y2+z1*y3+y2*z3-y3*z2;
B[0]=-x1*z2+x1*z3+z1*x2-z1*x3-x2*z3+x3*z2;
C[0]=x1*y2-x1*y3-y1*x2+y1*x3+x2*y3-x3*y2;
D[0]=-x1*y2*z3+x1*y3*z2+x2*y1*z3-x3*y1*z2-x2*y3*z1+x3*y2*z1;
A[1]=2*(x2-x1);B[1]=2*(y2-y1);C[1]=2*(z2-z1);D[1]=x1*x1+y1*y1+z1*z1-
x2*x2-y2*y2-z2*z2;
A[2]=2*(x3-x1);B[2]=2*(y3-y1);C[2]=2*(z3-z1);D[2]=x1*x1+y1*y1+z1*z1-
x3*x3-y3*y3-z3*z3;
Eigen::MatrixXd M(3,3);
```

```
M<<A[0],B[0],C[0],
A[1],B[1],C[1],
A[2],B[2],C[2];
Eigen::Vector3d P1(x1,y1,z1);Eigen::Vector3d P2(x2,y2,z2);Eigen::
Vector3d P3(x3,y3,z3);
Eigen::Vector3d Dd(-1*D[0],-1*D[1],-1*D[2]);
n=(P2-P1).cROSs(P3-P2);
PO=M.colPivHouseholderQr().solve(Dd);
if(P1(1)==P2(1))
{
if(P2(1)==P3(1))
{
PO(1)=P1(1);
}
}
if(P1(2)==P2(2))
{
if(P2(2)==P3(2))
{
PO(2)=P1(2);
}
}
if(P1(0)==P2(0))
{
if(P2(0)==P3(0))
{
PO(0)=P1(0);
}
}
double R=(P2-PO).norm();
Eigen::Vector3d n1=(P1-PO).cROSs(P3-P1);
H=n.transpose()*n1;
via_value=(P3-P1).norm()/(2*R);
theta_pass=2*asin(via_value);
if(H>=0)
{
theta_pass=theta_pass;
}
else
```

```
{
theta_pass=2*PI-theta_pass;
}
delta_s=theta_pass*R/(count_num+1);//interplotation
G=R/sqrt(R*R+delta_s*delta_s);
return true;
}
bool Trajectory::Cartesian_trajectory::trajectory_circle::cubic_
circle_value(double &px,double &py,double &pz)
{
Eigen::Vector3d pi(px,py,pz);
Eigen::Vector3d vector_s=n.cROSs(pi-PO);//E=delta_s/vector_
s.norm();//cout<<E<<endl;
E=delta_s/vector_s.norm();
//cout<<E<<endl;
pi=PO+G*(pi+E*vector_s-PO);
px=pi(0);py=pi(1);pz=pi(2);
return true;
}
```

通过 cubic_circle_arouse（）函数对圆弧点进行压栈操作，程序如下所示：

```
std::vector<geometry_msgs::Pose>cubic_circle_arouse (double
*pA,double *pB,double *pC,geometry_msgs::Pose  &start_pose,geometry_
msgs::Pose &target_pose)
{
std::vector<geometry_msgs::Pose> way_points;
Trajectory::Cartesian_trajectory::trajectory_circle circle_
arouse1;
circle_arouse1.cubic_circle_loadData(pA,pB,pC);
double px=pA[0],py=pA[1],pz=pA[2];
start_pose,target_pose;
start_pose.position.x=pA[0];
start_pose.position.y=pA[1];
start_pose.position.z=pA[2];
way_points.push_back(start_pose);
for(int i=0;i<=count_num;i++)
{
circle_arouse1.cubic_circle_value(px,py,pz);
```

```
target_pose.position.x=px;
target_pose.position.y=py;
target_pose.position.z=pz;
way_points.push_back(target_pose);
}
return way_points;
}
```

最后，用 cartesian_trajectory（）函数实现机器人的轨迹插补，并由主函数调用，实现 mra7a 机器人模型的运动，程序如下：

```
int main(int argc,char *argv[])
{
ROS::init(argc,argv,"trajectory_planner");
ROS::AsyncSpinner spinner(1);
spinner.start();
tf::Quaternion q=tf::createQuaternionFromRPY(0,0,0);
geometry_msgs::Pose start_pose,target_pose;
start_pose.position.x=0.3;
start_pose.position.y=0.0;
start_pose.position.z=0.45;
start_pose.orientation.x=q.getX();
start_pose.orientation.y=q.getY();
start_pose.orientation.z=q.getZ();
start_pose.orientation.w=q.getW();
target_pose.orientation.x=q.getX();
target_pose.orientation.y=q.getY();
target_pose.orientation.z=q.getZ();
target_pose.orientation.w=q.getW();
double pA[3],pB[3],pC[3];
pA[0]=0.3;pA[1]=0.3;pA[2]=0.35;
pB[0]=0.25;pB[1]=0.36;pB[2]=0.4;
pC[0]=0.35;pC[1]=0.23;pC[2]=0.45;
cartesian_trajectory(cubic_circle_arouse(pA,pB,pC,start_pose,target_
pose));
return 0;
}
```

mra7a 机器人在 RViz 和 Gazebo 中的运动结果如图 6-11 和图 6-12 所示：

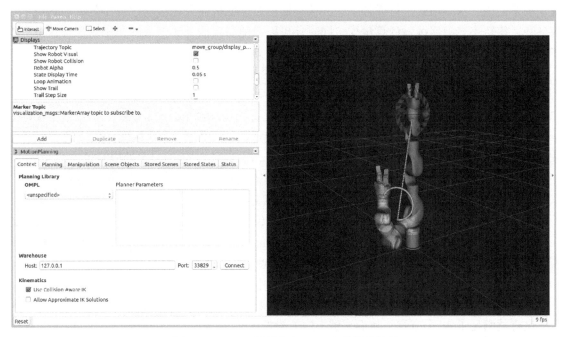

图 6-11　mra7a 机器人在 RViz 中的运动结果

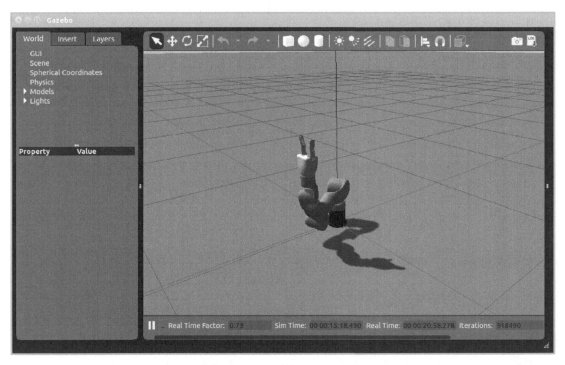

图 6-12　mra7a 机器人在 Gezebo 中的运动结果

（3）样条曲线插补。在机器人的实际应用中大多数遇到的曲线形式不是直线和圆弧，而是由一系列的轨迹点组成的曲线，这种曲线很难去找到合适的方程去表示，这时就需要通过一定的方式对其进行插补。在插补过程中，为了使运动轨迹光滑平稳，需要规划相邻两点的到达方法，通常使用三次多项式进行插补。这种插补法可以保证机器人在运动过程中处处有连续的二阶导数，使轨迹光滑连续，计算量少，同时还可以避免高次插补法带入的龙格现象，因此三次多项式插补法被广泛应用，下面就来介绍这种插补方法。

三次多项式插补法在插补时需要在过渡点处使位移、速度和加速度连续，假设轨迹点为 $y(t)$，插补函数 $s(t)$ 满足如下条件：

$$s(t)=y(t),\ s(t) \in C^2[t_0,\ t_n],\ (t=t_0,\ t_1,\ \cdots,\ t_n) \tag{6-1}$$

在求解每个区间上的 $s(t)$ 时需要确定 4 个待定系数，而共有 n 个小区间，故应确定 $4n$ 个参数。根据 $s(x)$ 在 $[a,\ b]$ 上二阶导数连续，在节点 $x_j(j=1,\ 2,\ \cdots,\ n-1)$ 处应满足连续性条件：

$$s(x_{j-0})=s(x_{j+0})$$
$$s'(x_{j-0})=s'(x_{j+0})$$
$$s''(x_{j-0})=s''(x_{j+0}) \tag{6-2}$$

这里共有 $3n-3$ 个条件，再加上 $s(x)$ 满足插值条件（6-1），总共 $4n-2$ 个条件，因此还需要 2 个条件才能确定 $s(x)$，可以选用在轨迹端点的约束条件：

$$s'(t_0)=y_0'$$
$$s'(t_n)=y_n' \tag{6-3}$$

这样就满足了 $4n$ 个方程，从而求解 $s(t)$ 的表达式。

中间点轨迹的构建需要进行插补运算，令 $\dfrac{\mathrm{d}\left(\dfrac{\mathrm{d}(s(t))}{\mathrm{d}t}\right)}{\mathrm{d}t}\Bigg|_{t=t_j}=M_j\ (j=0,\ 1,\ 2,\ \cdots,\ n)$，为了使插补点的加速度连续，可以分段进行插补，在区间 $[t_{j-1},\ t_j]$ 中，$s(t)=s_j(t)$，则：

$$\frac{\mathrm{d}\left(\dfrac{\mathrm{d}(s_j(t))}{\mathrm{d}t}\right)}{\mathrm{d}t}\Bigg|_{t=t_{j-1}}=\frac{\mathrm{d}\left(\dfrac{\mathrm{d}(s(t))}{\mathrm{d}t}\right)}{\mathrm{d}t}\Bigg|_{t=t_{j-1}}=M_{j-1}$$

$$\frac{\mathrm{d}\left(\dfrac{\mathrm{d}(s_j(t))}{\mathrm{d}t}\right)}{\mathrm{d}t}\Bigg|_{t=t_j}=\frac{\mathrm{d}\left(\dfrac{\mathrm{d}(s(t))}{\mathrm{d}t}\right)}{\mathrm{d}t}\Bigg|_{t=t_j}=M_j \tag{6-4}$$

利用线性插补法，可得轨迹中间点的加速度的 $\dfrac{\mathrm{d}\left(\dfrac{\mathrm{d}(s(t))}{\mathrm{d}t}\right)}{\mathrm{d}t}\Bigg|_{t=t_j}$ 的表达式为：

$$\frac{\mathrm{d}\left(\dfrac{\mathrm{d}(s(t))}{\mathrm{d}t}\right)}{\mathrm{d}t}\Bigg|_{t=t_j}=\frac{(t_j-t)\,M_{j-1}}{h_j}+\frac{(t-t_{j-1})\,M_j}{h_j} \tag{6-5}$$

其中 $h_j=t_j-t_{j-1}$，对（6-5）积分两次可以得到三次样条曲线 $s(t)$ 为：

$$s(t)=\frac{(t_{j-1}-t)^3 M_j}{6h_j}+\frac{(t-t_{j-1})\,M_j}{6h_j}+\frac{\left(y_{j-1}-\dfrac{h_j^2 M_{j-1}}{6}\right)(t_j-t)}{h_j}-\frac{\left(y_j-\dfrac{h_j^2 M_j}{6}\right)(t_{j-1}-t)}{h_j} \tag{6-6}$$

式中的未知数为 M_j（$j=0$，1，2，…，n），为了确定 M_j，对 $s(x)$ 求导得：

$$s'(t_{j-0})=s'_{j+1}(t_j)$$

$$=-\frac{(t_{j+1}-t)^2 M_j}{2h_j}+\frac{(t-t_j)^2 M_{j+1}}{2h_j}+\frac{y_{j+1}-y_j}{h_j}-\frac{(M_{j+1}-M_j)h_j}{6} \tag{6-7}$$

由此可知，在 $[t_j,\ t_{j+1}]$ 上

$$s'(t_{j+0})=s'_j(t_j)=-\frac{M_j h_j}{3}-\frac{M_{j+1}h_j}{6}+\frac{y_j-y_{j-1}}{h_{j-1}} \tag{6-8}$$

在 t_j 点左右一阶导数的值要相同，因此

$$s'(t_{j-0})=s'_j(t_{j+0}) \tag{6-9}$$

根据式（6-9）得到如下方程

$$\mu_j M_{j-1}+2M_j+\lambda_j M_j+1=d_j\ (j=1,\ 2,\ \cdots,\ n-1) \tag{6-10}$$

其中

$$\mu_j=\frac{h_j}{h_j+h_{j+1}},\ \lambda_j=\frac{h_{j+1}}{h_j+h_{j+1}},\quad d_j=\frac{6\left(\dfrac{y_{j+1}-y_j}{h_{j+1}}-\dfrac{y_j+y_{j-1}}{h_j}\right)}{h_{j+1}+h_j} \tag{6-11}$$

再根据式（6-3）可以得到下面两个方程：

$$M_{n-1}+2M_n=\frac{6\left(y'_n-\dfrac{y_n-y_{n-1}}{h_n}\right)}{h_n}$$

$$M_1+2M_0=\frac{6\left(\dfrac{y_1-y_0}{h_1}-y'_0\right)}{h_0} \tag{6-12}$$

如果令 $\lambda_0=1$，$d_0=\dfrac{6\left(\dfrac{y_1-y_0}{h_1}-y'_0\right)}{h_0}$，$\mu_n=1$，$d_n=\dfrac{6\left(y'_n-\dfrac{y_n-y_{n-1}}{h_n}\right)}{h_n}$，那么将式（6-10）与式（6-12）

可以联立写成矩阵形式：

$$\begin{bmatrix} 2 & \lambda_0 & & & \\ \mu_1 & 2 & \lambda_1 & & \\ & \ddots & \ddots & \ddots & \\ & & \mu_{n-1} & 2 & \lambda_{n-1} \\ & & & \mu_n & 2 \end{bmatrix}\begin{bmatrix} M_0 \\ M_1 \\ \vdots \\ M_{n-1} \\ M_n \end{bmatrix}=\begin{bmatrix} d_0 \\ d_1 \\ \vdots \\ d_{n-1} \\ d_n \end{bmatrix} \tag{6-13}$$

对上述方程用追赶法求解，就可以得到 M_j，带入式（6-6）进而得到 $s(t)$，这样就求得了方程中的所有轨迹点。下面通过 ROS 来实现上述算法：

通过 loadData（）函数获取样条曲线上的点，程序如下所示：

```
bool Trajectory::cubicSpline::loadData(double *x_data,double
*y_data,int count,double bound1,double bound2,BoundType type)//
public
    {
    if(count<3||x_data==NULL||y_data==NULL||type<BoundType_First_
Derivative||type>BoundType_Second_Derivative)
    {
    return false;
    }
    initparam();//初始化参数
    x_sample=new double[count];
    y_sample=new double[count];
    M=new double[count];
    sample_count=count;
    memcpy(x_sample,x_data,sample_count*sizeof(double));//将x_data复
制到内存区
    memcpy(y_sample,y_data,sample_count*sizeof(double));//将y_data复
制到内存区
    bound_1=bound1;//选择边界类型
    bound_2=bound2;//选择边界类型
    return Spline(type);//返回三次样条曲线类型
    }
```

通过 Spline（）函数计算插补中所需要的参数，程序如下所示：

```
    bool Trajectory::cubicSpline::Spline(BoundType type)//三次曲线方
程(protected)
    {
    if(type<BoundType_First_Derivative||type>BoundType_Second_
Derivative)
    {
    return false;
    }
    double f1=bound_1,f2=bound_2;
    double *b=new double[sample_count];//稀疏矩阵中间行
    double *Miu=new double[sample_count];//稀疏矩阵下行
    double *lamda=new double[sample_count];//稀疏矩阵上行
    double *h=new double[sample_count];//步长
    double *f=new double[sample_count];//近似求解微分
```

```
double *d=new double[sample_count];//方程右边的列向量
double *y=new double[sample_count];//表示矩阵的大小
double *bt=new double[sample_count];//在用追赶法求解时的β矩阵
for(int j=0;j<sample_count;j++)//ok
{
b[j]=2;//表示b的方程
}
for(int j=0;j<sample_count-1;j++)
{
h[j]=x_sample[j+1]-x_sample[j];//步长
}
for(int j=0;j<sample_count-1;j++)
{
f[j]=(y_sample[j+1]-y_sample[j])/(x_sample[j+1]-x_sample[j]);
                        //近似求解微分,表示斜率
}
lamda[0]=1;//λ的初始值
for(int j=1;j<sample_count-1;j++)
{
lamda[j]=h[j]/(h[j-1]+h[j]);//表示λ的中间值
}
for(int j=1;j<sample_count-1;j++)
{
Miu[j]=h[j-1]/(h[j-1]+h[j]);//表示μ,其中μ是从1开始的,而不是从0
                        //开始的,因此μ没有初始值
}
for(int j=1;j<sample_count-1;j++)
{
d[j]=6*(f[j]-f[j-1])/(h[j-1]+h[j]);//表示方程右边的列向量
}
Miu[sample_count-1]=1;//μ的最终数值
```

从上面得到了需要的参数之后，应用追赶法求解方程：

```
if (BoundType_First_Derivative==type)//边界1
{
d[0]=6*(f[0]-f1)/h[0];//初始值比较重要
d[sample_count-1]=6*(f2-f[sample_count-2])/(h[sample_count-2]);
bt[0]=lamda[0]/b[0];
```

```
y[0]=d[0]/b[0];//计算中间量
for(int j=1;j<sample_count-1;j++)
{
bt[j]=lamda[j]/(b[j]-Miu[j]*bt[j-1]);
}
for(int j=1;j<=sample_count-1;j++)
{
y[j]=(d[j]-Miu[j]*y[j-1])/(b[j]-Miu[j]*bt[j-1]);
}
M[sample_count-1]=y[sample_count-1];
for(int j=sample_count-2;j>=0;j--)
{
M[j]=y[j]-bt[j]*M[j+1];
}
}
else if(type==BoundType_Second_Derivative)//边界2
{
d[1]=d[1]-Miu[1]*f1;
d[sample_count-2]=d[sample_count-2]-lamda[sample_count-2]*f2;
bt[1]=lamda[1]/b[1];
for(int i=2;i<sample_count-2;i++)
{
bt[i]=lamda[i]/(b[i]-Miu[i]*bt[i-1]);
}
y[1]=d[1]/b[1];
for(int i=2;i<=sample_count-2;i++)
{
y[i]=(d[i]-Miu[i]*y[i-1])/(b[i]-Miu[i]*bt[i-1]);
}
M[sample_count-2]=y[sample_count-2];
for(int i=sample_count-3;i>=1;i--)
{M[i]=y[i]-bt[i]*M[i+1];}
M[0]=f1;
M[sample_count-1]=f2;
}
else
{return false;
delete b;
```

```
delete Miu;
delete lamda;
delete h;
delete f;
delete d;
delete M;
delete y;
delete bt;}
return true;
}
```

然后，对通过 getYandX（）函数对曲线进行插补得到各轨迹点，并用 spline_arouse（）函数进行压栈操作，程序如下：

```
bool Trajectory::cubicSpline::getYandX(double &x_in,double &y_
out)//public
{
int klo,khi,k;33

klo=0;khi=sample_count-1;
double hh,aa,bb;
while(khi-klo>1)
{
k=(khi+klo)>>1;//（khi+klo)/2
if(x_sample[k]>x_in)// 二分法
{khi=k;}
else
{klo=k;}
}
hh=x_sample[khi]-x_sample[klo];
aa=(x_sample[khi]-x_in)/hh;
bb=(x_in-x_sample[klo])/hh;
y_out=aa*y_sample[klo]+bb*y_sample[khi]+((aa*aa*aa-aa)*
M[klo]+(bb*bb*bb-bb)*M[khi])*hh*hh/6.0;
return true;
}
```

最后，用 cartesian_trajectory（）函数实现机器人的轨迹插补，并由主函数调用，实现 mra7a 机器人模型的运动，程序如下：

```
int main(int argc,char *argv[])
{
ROS::init(argc,argv,"trajectory_planner");
ROS::AsyncSpinner spinner(1);
spinner.start();
tf::Quaternion q=tf::createQuaternionFromRPY(0,0,0);
geometry_msgs::Pose start_pose,target_pose;
start_pose.position.x=0.1;
start_pose.position.y=0.1;
start_pose.position.z=0.7;
start_pose.orientation.x=q.getX();
start_pose.orientation.y=q.getY();
start_pose.orientation.z=q.getZ();
start_pose.orientation.w=q.getW();
target_pose.orientation.x=q.getX();
target_pose.orientation.y=q.getY();
target_pose.orientation.z=q.getZ();
target_pose.orientation.w=q.getW();
double t_data[POINTS_COUNT]= {0,0.422955130,0.598557636,0.734591320,
0.850603738,0.953558869,1.056514000,1.159469131,1.274332912,1.4092
08218,1.585026197,2};
double x_data[POINTS_COUNT]={0.1225,0.145,0,-0.0225,
0.15,0.23,0.05,-0.1,0.17,0.25,0.3,0.37};
double y_data[POINTS_COUNT]={0.1142,0.1284,0.1426,0.1568,0.171,
0.1825,0.1994,0.2136,0.2278,0.242,0.2562,0.27};
double z_data[POINTS_COUNT]={0.6875,0.675,0.6625,0.65,0.6375,
0.625,0.6125,0.6,0.5875,0.575,0.5625,0.55};
spline_arouse(t_data,x_data,y_data,z_data,start_pose,target_
pose);
cartesian_trajectory(spline_arouse(t_data,x_data,y_data,
z_data,start_pose,target_pose));
spinner.stop();
return 0;
}
```

RViz 和 Gazebo 中的运行结果如图 6-13 和图 6-14 所示：

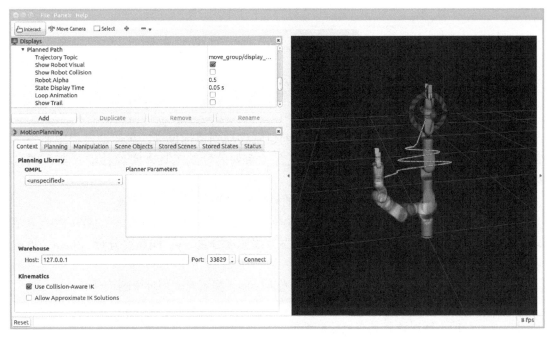

图 6-13　RViz 中的运行结果

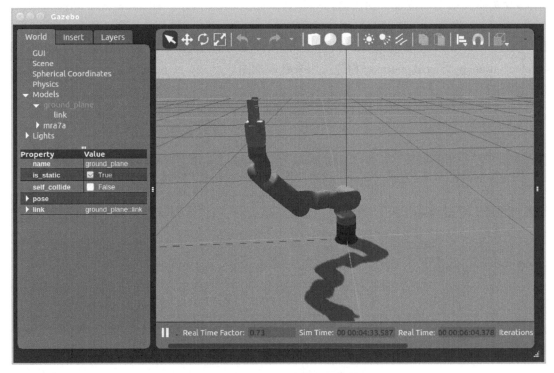

图 6-14　Gazebo 中的运行结果

6.3.1 ROS 导航包简介

ROS 导航包的主要目标是将机器人从当前位置移动到目标位置，在运动过程中不与环境中的任何障碍物发生碰撞。ROS 导航包中包含一系列的导航工具来实现移动机器人的自动导航。

在使用 ROS 的导航包时，对移动机器人的硬件有如下三个方面的限制：

（1）移动机器人需为完全约束（机器人自身的自由度数等于机器人的驱动数）的差分驱动型轮式机器人，同时移动机器人可以被形如 "x：线速度分量，y：线速度分量，theta：角速度分量" 格式的指令进行控制；

（2）在移动机器人上需要集成平面二维激光传感器，实现对周围环境的构建；

（3）移动机器人的外形最好为方形或圆形等规则外形。虽然导航包可以用在不规则外形的移动机器人上，但不能保证其具有良好的性能。

在 ROS 导航包中，最重要的功能包为 move_base 功能包，它主要是在其他功能包的帮助下让移动机器人从当前位置，到达目标点位置。如图 6-15 所示，在 move_base 功能包中，有一个 move_base 节点，它与 global_planner 和 local_planner 进行连接实现移动机器人的路径规划；与 rotate_recovery 功能包连接，在移动机器人被障碍物挡住时，重新规划路径避开障碍物；与 global_costmap 及 local_costmap 相连接用来获取地图。

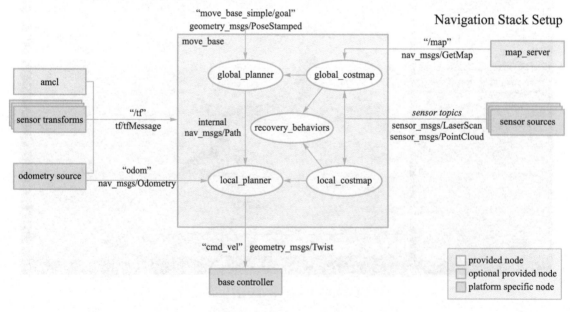

图 6-15　move_base 框图

move_base 节点中包含 SimpleActionServer 服务，可以接收由 geometry_msgs/PostStamped 数据指定的目标位置，因此可以通过 SimpleActionClient 客户端向 move_base 节点发送目标位置。当 move_base 节点接收到目标位置后，与其连接的 global_planner 和 local_planner 等功能包会生成 geometry_msgs/Twist 消息发送到 base controller，从而移动小车到目标位置。

与 move_base 节点相连的功能包会以插件的形式加入 move_base 节点中，这些包的功能具体如下：

global_planner 功能包实现从当前位置到目标位置的全局路径生成，其生成的路径是所有路径中最短的；local_planner 的主要功能是对全局路径进行跟踪。local_planner 会读取 odometry 和其他传感器的信息，发送速度指令使小车进行移动。

rotate_recovery 和 clear_costmap_recovery 功能包是处理机器人在遇到障碍物时的异常行为，它们都属于 recovery_behavior。rotate_recovery 用来处理移动机器人在遇到无法通过的障碍物时的异常行为。它使移动机器人绕自身轴线转动 360°，由 clear_costmap_recovery 在该过程中通过清除原有地图，并在全局地图中生成新的地图来寻找合适的路线，避开障碍物。

在移动机器人的导航中，会使用 gmapping 功能包构建地图，地图数据的保存和读取由 map_server 模块实现。

AMCL 功能用来实现机器人在已有地图中的定位。它使用粒子滤波器跟踪机器人在地图中的位置。在定位时，AMCL 功能包由激光扫描数据及地图信息进行匹配定位，它会将传入的激光扫描数据转化为里程计数据，因此需要有从激光雷达到里程计的 TF 树转换。

6.3.2 导航包配置

1. 移动机器人的网络配置

对于已有的移动机器人，可以通过配置导航包，来实现移动机器人的自动导航。下面以 Rikirobot 为例来实现机器人的自动导航，Rikirobot 的主要硬件组成如表 6-1 所示。

表 6-1 Rikirobot 的主要硬件组成

名称	类型
传感器	Rplidar 激光雷达，3 轴陀螺仪
主控制单元	树莓派
驱动单元	Stm32f1 单片机
电动机	直流编码电动机
驱动轮	Omni 全向轮
支撑板	八边形亚克力板

树莓派为主控制单元，相当于一个微型计算机，内部装有 ubuntu16.04 mate 系统、ROS 简版系统及导航包，用来实现移动机器人的控制。为了便于对树莓派进行配置，需要用屏幕与树

莓派连接显示其配置过程。由于 ROS 支持分布式控制结构，因此控制过程中可以用树莓派作为主节点，计算机作为从节点来控制机器人的移动，它们之间可以通过热点进行连接，因此在树莓派的配置过程中，可以在树莓派端建立热点，用计算机的 WiFi 网络来连接该热点。

计算机与树莓派之间可以通过 SSH 远程连接服务来发送和接收指令，其具体配置方式如下：

（1）打开计算机终端，在其中输入如下指令打开通用设置文件：

```
$gedit.bashrc
```

在 .bashrc 文件的末尾加上如下语句：

```
export ROS_IP='hostname-I'
export ROS_HOSTNAME='hostname-I'
export ROS_MASTER_URI=http://xxx.xxx.x.x:11311
```

前两行设置本地主机名和地址，最后一行设置树莓派主节点 master 的 IP 地址 xxx.xxx.x.x。当树莓派与计算机连接好之后，该地址在计算机可用如下指令查看，其显示结果如图 6-16 所示。

```
$arp-a
```

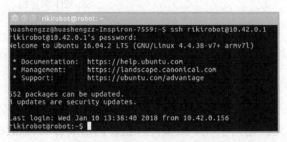

图 6-16 查看树莓派的 IP 地址

树莓派的物理地址一般以 b8 开头。图 6-16 中的 10.42.0.1 就为树莓派的 IP 地址。

（2）设置好 .bashrc 文件后，通过 ssh 指令将树莓派与计算机进行关联，ssh 指令格式如下所示：

```
$ssh
```

ssh 代表远程服务指令，rikirobot 代表树莓派的计算机名，10.42.0.1 代表树莓派的 IP 地址，执行上述指令后，输入密码 123456，计算机名变为 rikirobot，表示进入了树莓派的运行环境了，如图 6-17 所示。

图 6-17 连接进入树莓派运行环境

这样就完成了树莓派与计算机的分布式连接。

2. 移动机器人的导航包配置

根据导航包的框架可知移动机器人导航包中需要配置的部分。下面以 Rikirobot 移动机器人为例说明导航机器人的配置。在配置前最好将树莓派与屏幕、鼠标、键盘连接，这样会更加便于进行导航包的配置。

（1）建立工作空间。在树莓派的终端中使用如下指令在树莓派中建立工作空间：

```
$mkdir -p catkin_ws/src/rikirobot_project
```

（2）建立速度发送消息。添加与移动机器人的编码电动机有关的通信包用来驱动机器人。该通信包可以通过如下指令进行下载：

```
git clone
```

用如下指令建立消息文件夹：

```
$mkdir -p riki_msgs/msg
```

在消息文件夹中建立 Velocities.msg 的消息，用来发送和接收 Rikirobot 机器人的运动速度，消息格式如下：

```
float32 linear_x
float32 linear_y
float32 angular_z
```

（3）建立导航包。用如下指令在该工作空间内创建 Rikirobot 导航包。

```
$catkin_create_pkg rikirobot geometry_msgs ROScpp ROSpy
ROSserial_python sensor_msgs riki_msgs std_msgs tf
```

创建之后的包文件为 rikirobot/src。

（4）创建启动配置文件。在 rikirobot/src 文件中添加 launch 文件夹，用来添加 ROS 的启动配置文件。

① 激光雷达的配置。机器人在导航过程中需要启动激光雷达来识别地图周围的环境，而激光雷达在小车上的位置需要用 TF 变换来描述。建立 lidar_laser.launch 文件用如下语句来描述激光雷达：

```
<launch>
<include file="$(find rplidar_ROS)/launch/rplidar.launch"/>
<node pkg="tf"type="static_transform_publisher" name="base_link_to_
laser" args="0.04 0 0.18 0 0 0 /base_link /laser 100"/>
```

第一句为激光雷达的启动文件，其源文件可以通过以下的指令下载到 rikirobot_project 文件夹：

```
$git clone
```

第二句为激光雷达（/laser）相对于移动机器人底盘（/base_link）中心的 TF 变换，其变换的 TF 值为（X：0.04 m，Y：0，Z：0.18 m），发布频率为 100 Hz。

② 代价地图的配置。导航功能包集需要两个代价地图来保存世界中的障碍物信息，即全局代价地图和局部代价地图。全局代价地图用于长期的路径规划，而局部代价地图用于局部路径的规划与避障。这两个地图的配置参数中有一些相同，而有一些则不相同，因此需要分开配置。

导航功能包集使用代价地图存储障碍物信息，因此要接收传感器的信息，以便更新数据，它们属于全局代价地图和局部代价地图中相同的部分，使用 costmap_common_params.yamls 进行配置，内容如下：

```
obstacle_range:2.5
raytrace_range:3.0
robot_radius:0.15
inflation_radius:0.25
transform_tolerance:0.1
observation_sources:scan
scan:
 data_type:LaserScan
 topic:scan
 marking:true
 clearing:true
map_type:costmap
```

对上面的语句集解读如下：

```
obstacle_range:2.5
raytrace_range:3.0
```

这两个参数设置放入代价地图的障碍信息的阈值。"obstacle_range"参数决定了传感器读取的最大范围，该参数会将读取到的障碍物放入代价地图中。该参数被设置为 2.5，表示机器人会在以机器人底盘为中心的 2.5 m 范围内对障碍物信息更新。"raytrace_range"参数决定了空白区域内光线追踪的范围，该值为 3 m，表示清除机器人前面 3 m 范围内的空间。

```
robot_radius:0.15
inflation_radius:0.25
transform_tolerance:0.1
```

这三个参数设置机器人的参数和地图膨胀层半径。机器人的外形参数可以设置为 footprint 或机器人的半径。当指定 footprint 时，机器人的中心被认为是在（0，0，0），然后按照该中心设置机器人的 footprint；当机器人为圆形时，也可以围绕该中心设置机器人的半径，rikirobot 机器人的半径设置为 0.15 m。膨胀半径被设置为从障碍物中心到产生的代价层边缘的最大距离。例如，设置该值为 0.25 m，表示机器人会将与障碍物保持 0.25 m 或更远的距离的路径都被认为具有相同的障碍物代价值。transform_tolerance 表示各种坐标变换的最大延迟时间，当变换没有很快跟上时，也不用被导航包马上停止。

```
observation_sources:scan
scan:
 data_type:LaserScan
 topic:scan
 marking:true
 clearing:true
```

这些参数用来设置输入源中的传感器激光雷达，其雷达数据为 scan，传输的数据类型为 LaserScan，传送的主题为 scan，marking 和 clearing 参数则是确定传感器是否向代价地图中添加障碍物信息或者从代价地图中清除障碍物信息。

③ 局部代价地图参数设置。除了上述与全局代价地图相同的设置部分，局部代价地图还需要进行其他特性参数的设置，建立 local_costmap.yaml 进行配置，如下所示：

```
local_costmap:
 global_frame:/odom
 robot_base_frame:/base_link
 update_frequency:1.0
 publish_frequency:2.0
 static_map:false
 rolling_window:true
 width:3.5
 height:3.5
 resolution:0.025
 transform_tolerance:0.5
```

global_frame 参数定义了局部代价地图在运行过程中的参考坐标系为 odom_frame，该参考坐标系为全局坐标系，代价地图在 odom_frame 中的位置通过 /odom 主题进行发布；robot_base_frame 参数定义了局部代价地图在机器人底座中的坐标系。update_frequency 参数定义了代价地图的更新频率，它的值为 1 Hz；publish_frequency 定义了代价地图的发布频率，它的值为 2 Hz；static_map 则表示代价地图是否根据 map_server 提供的地图进行初始化，在局部代价地图中不需要使用地图或者 map_server，因此设置其为 false；rolling_window 参数表示移动机器人在运动过程中会一直以机器人底座为中心进行移动；width 和 height 参数分别设置局部代价地图的宽度和高度，单位为米；resolution 参数为分辨率，单位为米 / 单元。

④ 全局代价地图的配置。全局代价地图的设置与局部代价地图相同，都需要进行特性参数设置，建立 global_costmap.yaml 进行配置，如下所示：

```
global_costmap:
global_frame:/map
robot_base_frame:base_link
update_frequency:5.0
static_map:true
```

global_costmap 中各参数的定义与 local_costmap 中相同参数名的定义相同，可以互为参考。

⑤ 全局路径规划设置。全局路径规划负责根据全局路径规划计算速度命令并发送给机器人。需要根据机器人规格配置一些选项使其正常启动与运行，通过建立 base_local_planner_params.yaml 文件进行配置，具体如下。

```
TrajectoryPlannerROS:
max_vel_x:0.35
min_vel_x:0.3
max_vel_theta:0.5
min_vel_theta:-0.5
min_in_place_vel_theta:0.6
acc_lim_theta:0.6
acc_lim_x:1.25
acc_lim_y:0.0
xy_goal_tolerance:0.25
yaw_goal_tolerance:0.25
holonomic_robot:true
meter_scoring:true
```

max_vel_x，min_vel_x 两个参数用来设置移动机器人沿 x 方向运动的最大速度和最小速度，单位为 m/s；max_vel_theta，min_vel_theta 设置机器人的最大角速度和最小角速度，单位为 rad/s；min_in_place_vel_theta 参数用来设置移动机器人原地旋转角速度的最小值，单位也为 rad/s；acc_lim_x，acc_lim_y，acc_lim_theta 三个参数分别设置 x 方向，y 方向以及旋转的角加速度值；xy_goal_tolerance 参数表示机器人到目标的坐标偏差，单位为 m，该值太小的会导致机器人在目标位置附近不断调整到精确的坐标位置；yaw_goal_tolerance 参数表示允许机器人到目标位置的角度偏差，单位为 rad，该值太小会发生机器人在到达目标位置的过程中发生振荡；holonomic_robot 参数表示该机器人是否为全方向机器人，对于差速机器人，该值为 false，Rikirobot 机器人为全向轮驱动，因此该值为 true；meter_scoring 表示起点位置与目标位置距离之间的权值。

⑥ 运动规划器配置。移动机器人在进行移动时需要通过运动规划器对底盘的运动进行控制，因此建立 move_base_params.yaml 来进行运动规划器的配置，如下所示：

```
shutdown_costmaps:false
controller_frequency:5.0 #before 5.0
controller_patience:3.0
planner_frequency:0.5
planner_patience:5.0
oscillation_timeout:10.0
oscillation_distance:0.2
conservative_reset_dist:0.10
```

shutdown_costmaps 表示当 move_base 节点闲置时，是否停用 costmap，其默认值为 false；planner_frequency 定义了全局规划器的发生频率，planner_patience 表示机器人在局部空间被清理前计算出可用规划所需要的时间；controller_frequency 和 controller_patience 与 planner_frequency 及 planner_patience 的参数意义类似，表示机器人的控制频率和控制指令的延迟时间；oscillation_timeout 表示在执行恢复动作前所允许的振荡时间，oscillation_distance 表示机器人的振荡距离，当超过该值时就认为机器人不会发生振荡，并且 oscillation_timeout 的值会被重置；conservative_reset_dist 参数表示机器人在移动过程中，探测障碍物的最大距离。

3. 自动定位配置

在导航中需要知道机器人在地图中的位置，它所使用的模块为 AMCL，同样也需要对其进行位置配置，配置过程中最好建立 amcl.launch 文件，配置程序如下：

```
<launch>
    <node pkg="amcl" type="amcl" name="amcl" output="screen">
        <param name="odom_model_type" value="diff"/>
        <param name="odom_alpha5" value="0.1"/>
        <param name="transform_tolerance" value="0.2"/>
        <param name="gui_publish_rate" value="10.0"/>
        <param name="laser_max_beams" value="60"/>
        <param name="min_particles" value="500"/>
        <param name="max_particles" value="2000"/>
        <param name="kld_err" value="0.05"/>
        <param name="kld_z" value="0.99"/>
        <param name="odom_alpha1" value="0.1"/>
        <param name="odom_alpha2" value="0.1"/>
        <param name="odom_alpha3" value="0.1"/>
        <param name="odom_alpha4" value="0.1"/>
        <param name="laser_z_hit" value="0.5"/>
        <param name="laser_z_short" value="0.05"/>
        <param name="laser_z_max" value="0.05"/>
        <param name="laser_z_rand" value="0.5"/>
```

```
            <param name="laser_sigma_hit" value="0.2"/>
            <param name="laser_lambda_short" value="0.1"/>
            <param name="laser_model_type" value="likelihood_field"/>
            <param name="laser_likelihood_max_dist" value="2.0"/>
            <param name="update_min_d" value="0.2"/>
            <param name="update_min_a" value="0.2"/>
            <param name="odom_frame_id" value="odom"/>
            <param name="resample_interval" value="1"/>
            <param name="transform_tolerance" value="1.0"/>
            <param name="recovery_alpha_slow" value="0.001"/>
    <param name="recovery_alpha_fast" value="0.1"/>
        </node>
    </launch>
```

odom_model_type 表示里程计的模型参数，分为 diff，diff-corrected，omni，omni-corrected 四种。当使用 diff 参数时，会使用 odom_alpha1~odom_alpha4 参数；当使用 odom 时，会使用 odom_alpha1~odom_alpha5 参数；

transform_tolerance 表示各 TF 转换之间所允许的最大数值的等待时间；gui_publish_rate 参数表示扫描和路径可视化信息发布的最大频率；laser_max_beams 参数表示更新过滤器时，每次扫描中需要使用多少均匀间隔的光束；min_particles 参数表示最小允许的粒子数；max_particles 参数表示最大允许的粒子数；kld_err 参数表示真实分布与估计分布之间的最大误差；kld_z 参数表示（1-p）的上标准正常分位数，其中 p 是预估的失谐上的误差将小于 kld_err 的概率；odom_alpha1 参数表示根据机器人运动中的旋转分量预估里程计旋转运动的预期噪声；odom_alpha2 参数表示根据机器人运动中的移动分量预估里程计旋转运动的预期噪声；odom_alpha3 参数表示根据机器人运动中的移动分量预估里程计平移运动的预期噪声；odom_alpha4 参数表示根据机器人运动中的旋转分量预估里程计平移运动的预期噪声；odom_apha5 参数表示捕获机器人沿垂直于观察方向平动（不包含转动）的趋势；laser_z_hit 参数表示 z_hit 模型部分的混合权重；laser_z_short 参数表示 z_short 模型部分的混合权重；laser_z_max 参数表示 z_max 模型部分的混合权重；laser_z_rand 参数表示 z_rand 模型部分的混合权重；laser_sigma_hit 参数表示在 z_hit 模型部分使用的高斯模型的标准偏差；laser_lambda_short 参数表示模型的 z_short 部分的指数衰减参数；<param name="laser_model_type" value="likelihood_field"/> 该语句表示激光的模型的选用，一般有 beam，likelihood_field，likelihood_field_prob 三种类型，默认为 likelihood_field 类型；laser_likelihood_max_dist 参数表示在使用 likelihood_field 模型时，在地图上标出障碍物膨胀层的最大距离；update_min_d 参数表示过滤器更新前需要平动的距离；update_min_a 参数表示在过滤器更新前需要旋转的角度；odom_frame_id 参数表示里程计使用的坐标系；resample_interval 参数表示在重新采样之前需要更新的过滤器的数目；recovery_alpha_slow 参数表示缓慢平均权值过滤器的指数递减频率，通过它来判断何时增加随机位置恢复初始位姿；recovery_alpha_fast 参数表示快速平均权值过滤器的指数递减频率，通过它来判断何时增加随机位置恢复初始位姿；

以上文件可以用 navigate.launch 包含在一起作为整个启动文件，同时也方便其他启动文件的调用，内容如下：

```
<launch>
<include file="$(find rikirobot)/launch/lidar_laser.launch"/>
<include file="$(find rikirobot)/launch/amcl.launch"/>
<include file="$(find rikirobot)/param/move_base.xml"/>
</launch>
```

其中 move_base.xml 文件调用 move_base 节点，然后对其中的参数进行配置，其内容如下：

```
<launch>
<node pkg="move_base"type="move_base"respawn="false" name="move_
base"output="screen">
    <ROSparam file="$(find rikirobot)/param/$(env RIKIBASE)/
costmap_common_params.yaml"command="load" ns="global_costmap"/>
    <ROSparam file="$(find rikirobot)/param/$(env RIKIBASE)/
costmap_common_params.yaml"command="load" ns="local_costmap"/>
    <ROSparam file="$(find rikirobot)/param/local_costmap_params.
yaml" command="load"/>
    <ROSparam file="$(find rikirobot)/param/global_costmap_ params.
yaml" command="load"/>
    <ROSparam file="$(find rikirobot)/param/$(env RIKIBASE)/base_
local_planner_params.yaml" command="load"/>
    <ROSparam file="$(find rikirobot)/param/move_base_params.yaml"
command="load"/>
    </node>
  </launch>
```

4. 地图构建

移动机器人在自动导航时需要得到周围的环境地图，作为移动机器人产生路径的依据，因此需要进行地图构建。移动机器人所需的地图通常使用 slam_gmapping 来构建，和导航类似，在构建过程中需要使用激光雷达识别周围环境，同时还需要使用 move_base 节点来控制机器人的移动，进行障碍物的躲避，只是需要使用 slam_gmapping 节点将识别到的环境构建为栅格地图。创建 lidar_slam.launch 文件进行地图的构建，内容如下：

```
<launch>
<include file="$(find rikirobot)/launch/lidar_laser.launch"/>
<include file="$(find rikirobot)/param/slam_gmapping.xml"/>
<include file="$(find rikirobot)/param/move_base.xml"/>
</launch>
```

其中，lidar_laser.launch 及 move_base.xml 已经在 navigate.launch 中进行了描述。slam_gmapping. xml 的内容如下：

```xml
<launch>
 <node pkg="gmapping" type="slam_gmapping" name="slam_gmapping" output="screen">
    <param name="base_frame" value="/base_link"/>
    <param name="odom_frame" value="/odom"/>
    <param name="map_update_interval" value="15.0"/>
    <param name="maxUrange" value="5.0"/>
    <param name="minRange" value="-0.5"/>
    <param name="sigma" value="0.05"/>
    <param name="kernelSize" value="1"/>
    <param name="lstep" value="0.05"/>
    <param name="astep" value="0.05"/>
    <param name="iterations" value="5"/>
    <param name="lsigma" value="0.075"/>
    <param name="ogain" value="3.0"/>
    <param name="lskip" value="0"/>
    <param name="minimumScore" value="100"/>
    <param name="srr" value="0.01"/>
    <param name="srt" value="0.02"/>
    <param name="str" value="0.01"/>
    <param name="stt" value="0.02"/>
    <param name="linearUpdate" value="0.7"/>
    <param name="angularUpdate" value="0.7"/>
    <param name="temporalUpdate" value="-0.5"/>
    <param name="resampleThreshold" value="0.5"/>
    <param name="particles" value="50"/>
    <param name="xmin" value="-50.0"/>
    <param name="ymin" value="-50.0"/>
    <param name="xmax" value="50.0"/>
    <param name="ymax" value="50.0"/>
    <param name="delta" value="0.05"/>
    <param name="llsamplerange" value="0.05"/>
    <param name="llsamplestep" value="0.05"/>
    <param name="lasamplerange" value="0.005"/>
    <param name="lasamplestep" value="0.005"/>
```

```
    <param name="transform_publish_period" value="0.1"/>
  </node>
 </launch>
```

slam_gmapping.xml 中各参数的意义表示如下：

base_frame 参数表示机器人基座坐标系；

odom_frame 参数表示里程计坐标系；

map_update_interval 参数表示地图更新频率；

maxUrange 参数表示激光探测最大的可用范围，光束的范围根据该值进行调整；

minRange 参数表示传感器探测的最小范围；

sigma 表示终点的匹配标准差，用来设置终点贪婪匹配算法的参数；

kernelSize 参数表示用于查找对应的 kernel size；

lstep 参数表示平移优化步长；

astep 参数表示旋转优化步长；

iterations 参数表示扫描匹配器的迭代步数；

lsigma 参数用于扫描匹配概率的激光标准差；

ogain 参数表示在进行估计时所用的增益，即平滑重采样影响使用的增益；

lskip 参数表示每次扫描时跳过的光束数；

minimumScore 参数用于避免在大空间范围使用有限距离的激光扫描仪出现的估计位置跳动的问题，从而获得更好的扫描匹配输出结果。

srr 参数将平移时里程误差作为平移函数（rho/rho）；

srt 参数将平移时的里程误差作为旋转函数（rho/theta）；

str 参数将旋转时的里程误差作为平移函数（theta/rho）；

stt 参数将旋转时的里程误差作为旋转函数（theta/theta）；

linearUpdate 表示机器人处理扫描数据，所需要移动的距离；

angularUpdate 表示机器人处理扫描数据，所需要旋转的距离；

temporalUpdate 处理扫描如果最新扫描处理比更新慢，则处理 1 次扫描。该值为负数时关闭基于时间的更新；

resampleThreshold 参数表示基于 Neff 的采样阈值；

particles 参数表示滤波器中粒子数目；

xmin 参数表示地图初始尺寸中 x 方向的最小值；

ymin 参数表示地图初始尺寸中 y 方向的最小值；

xmax 参数表示地图初始尺寸中 x 方向的最大值；

ymax 参数表示地图初始尺寸中 y 方向的最大值；

delta 参数表示地图分辨率；

llsamplerange 参数表示用于似然函数的平移采样距离；

llsamplestep 参数表示用于似然函数的平移采样步长；

lasamplerange 参数表示用于似然函数的角度采样距离；

lasamplestep 参数表示用于似然函数的角度采样步长；

transform_publish_period 参数表示变换发布时间周期；

在 slam 构图的配置完成之后，使用如下命令对启动 lidar_slam.launch 文件进行构图：

```
$ROSlaunch rikirobot lidar_slam.launch
```

然后在通过 ROSrun RViz RViz 命令启动 RViz 仿真界面，并在界面中配置构图所需要的主题和元素，如图 6-18 所示。

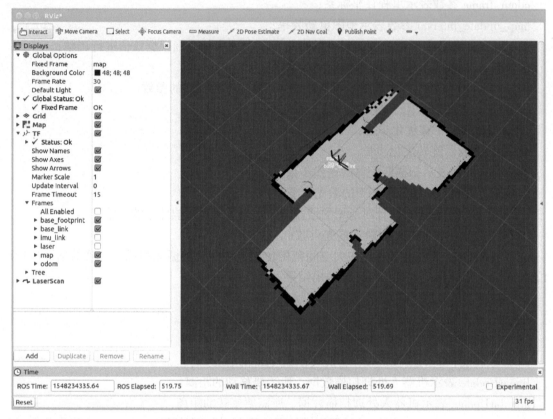

图 6-18　RViz 仿真界面配置

在显示区（Displays）中的插件选项，都是通过 Add 添加的。其中 Map, global Map, local Map 这几个都是添加的 Map 插件，其主题分别为 /Map, /move_base/local_costmap/costmap, /move_base/global_costmap/costmap。其余插件的添加方法是类似的。

控制小车在要构建地图的区域内走动，由于构建的地图数据量比较大，因此在每经过一个区域时，都要停留一段时间，让机器人将搜集到的雷达数据进行处理和保存。将地图构建完成之后，用以下命令将构建的地图进行保存：

```
$ROSrun map_server map_saver-f office
```

该指令使用 map_server 包中的 map_saver 节点将构建的地图保存为 pgm 格式和 yaml 格式的文件并命名为 office。office.pgm 文件是地图的二进制图片，如图 6-19 所示，office.yaml 文件则指定了地图的原点和分辨率。

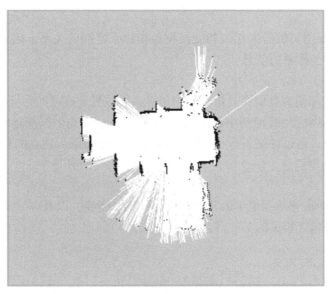

图 6-19 地图的二进制图片

5. 自动导航配置

在构建好地图之后，将地图文件加入导航包中就可以进行导航了。在 navigate.launch 文件中加入 office.yaml 文件后，就能在构建好的地图中进行自动导航了，如下所示：

```
<launch>
  <include file="$(find rikirobot)/launch/lidar_laser.launch"/>
   <arg name="map_file"default="$(find rikirobot)/maps/office.
yaml"/>
    <node pkg="map_server"name="map_server"type="map_server"args=
"$(arg map_file)"/>
   <include file="$(find rikirobot)/launch/amcl.launch"/>
   <include file="$(find rikirobot)/param/move_base.xml"/>
  </launch>
```

其中，第 2、3 条语句表示将 office 地图文件通过 map_server 节点导入到导航包中。

6.3.3 里程计控制

ROS 中的导航包要求机器人发布 nav_msgs/Odometry 格式的里程计信息，同时也要发布相应的 TF 变换。导航功能包需要依靠 TF 来确定机器人在物理世界中的位置以及传感器数据和静态地图的关系。但受限于 TF 自身并不能提供任何有关机器人移动速度的信息，所以导航功能包需要里程计能够同时发布 TF 变换和携带速度信息的 nav_msgs/Odometry 类型消息。

1. 发布 TF 变换

TF 软件库负责管理与机器人相关的变换树各坐标系之间的关系。因此，任何里程源都必须发布有关其管理的坐标系的信息。

2. 发布 nav_msgs/Odometry 消息

nav_msgs/Odometry 消息存储在自由空间中机器人的位置和速度的估计值。

里程计消息的具体应用有控制小车围绕 odom 坐标系的原点做圆周运动，以及使用键盘来控制小车移动。下面，通过详细解析小车围绕 odom 坐标系做圆周运动的程序来了解 ROS 发布 nav_msgs/Odometry 类型消息，以及发布 TF 变换，这里的变换只是在一个循环中驱动仿真的机器人。

因为需要实现 odom 坐标系到 base_link 坐标系的 TF 变换，以及 nav_msgs/Odometry 消息的发布，所以首先需要包含相关的头文件：

```
#include <ROS/ROS.h>
#include <tf/transform_broadcaster.h>
#include <nav_msgs/Odometry>
```

初始化 ROS，定义一个消息发布者来发布 "odom" 消息，再定义一个 TF 广播，来发布 TF 变换信息：

```
int main(int argc,char** argv)
{
    ROS::init(argc,argv,"odometry_publisher");
    ROS::NodeHandle n;
    ROS::Publisher odom_pub=n.advertise<nav_msgs:: Odometry>
("odom,50");
    tf::TransformBroadcaster odom_broadcaster;
```

默认机器人的起始位置是 odom 坐标系下的原点：

```
double x=0.0;
double y=0.0;
double th=0.0;
```

设置机器人默认的前进速度，让机器人的 base_link 坐标系在 odom 坐标系下以 x 轴方向速度为 0.1 m/s，y 轴方向速度为 –0.1 m/s，角速度为 0.1 rad/s 的状态移动，这种状态下，机器人可以保持圆周运动：

```
double vx=0.1;
double vy=-0.1;
double vth=0.1;
```

定义时间对象，以及发布 odom 消息的频率：

```
ROS::Time current_time,last_time;
current_time=ROS::Time::now();
last_time=ROS::Time::now();
ROS::Rate r(1.0);
while(n.ok())
{
```

检查传入的消息, 设置时间戳:

```
$ ROS::spinOnce();
$ current_time=ROS::Time::now();
```

使用设置的速度信息, 来计算并更新里程计的信息, 包括单位时间内机器人在 x 轴、y 轴的坐标变换和角度的变化。而在实际系统中, 需要根据里程计的实际信息进行更新:

```
double dt=(current_time-last_time).toSec();
double delta_x=(vx * cos(th)-vy * sin(th) * dt);
double delta_y=(vx * sin(th)+vy * cos(th) * dt);
double delta_th=vth * dt;
x+=delta_x;
y+=delta_y;
th+=delta_th;
```

为了兼容二维和三维的功能包, 让消息结构更加通用, 里程计的偏航角需要转换成四元数才能发布, ROS 提供了偏航角和四元数相互转换的功能:

```
geometry_msgs::Quaternion odom_quat=tf::createQuaternionMsgFrom
Yaw(th);
```

创建一个 TF 发布需要使用的 TransformStamped 类型消息, 然后根据消息结构填充当前的时间戳、父子参考系 id:

```
geometry_msgs::TransformStamped odom_trans;
odom_trans.header.stamp=current_time;
odom_trans.header.frame_id="odom";
odom_trans.child_frame_id="base_link";
```

填充里程计信息, 然后发布 TF 变换的消息:

```
odom_trans.transform.translation.x=x;
odom_trans.transform.translation.y=y;
odom_trans.transform.translation.z=0.0;
```

```
odom_trans.transform.rotation=odom_quat;
odom_broadcaster.sendTransform(odom_trans);
```

下面，在 ROS 上发布 nav_msgs/Odometry 消息，让导航包获取机器人的速度，创建消息，然后填充时间戳和参考系 id：

```
nav_msgs::Odometry odom;
odom.header.stamp=current_time;
odom.header.frame_id="odom";
```

设置机器人的位置信息：

```
odom.pose.pose.position.x=x;
odom.pose.psoe.position.y=y;
odom.pose.pose.position.z=0.0;//odom.pose.pos 是指电平标准
e.orientation=odom_quat;
```

设置机器人的速度信息，因为发布的是机器人本体的信息，所以参考系为 base_link：

```
odom.child_frame_id="base_link";
odom.twist.twist.linear.x=vx;
odom.twist.twist.linear.y=vy;
odom.twist.twist.angular.z=vth;
```

发布 nav_msgs/Odometry 消息，并进行时间更新和休眠：

```
        odom_pub.publish(odom);
        last_time=current_time;
        r.sleep();
    }
}
```

3. 发布里程数据信息

导航功能包还需要获取机器人的里程信息。里程信息指的是机器人相对于某一点的距离。在示例中，它应该是从 base_link 坐标系原点到 odom 坐标系原点的距离。

导航功能包使用的消息类型是 nav_msgs/Odometry。可以使用以下指令查看消息的数据结构：

```
$ROSmsg show nav_masgs/Odometry
```

将产生一下输出：

```
Std_masgs/Header header
 Uint32 seq
```

```
  time stamp
  string frame_id
 string chlid frame_id
geimetry_msgs/PoseWithCovatiance pose
 geimetry_msgs/psose psose
  geimetry_msgs/poinrposirion
    float64 x
    float64 y
    float64 z
  geimetry_msgs/Quaternion orientation
    float64 x
    float64 y
    float64 z
    float64 w
  float64[36]covariance
geimetry_msgs/TwistwithCovariance twist
 geimetry_msgs/Twist twist
  geimetry_msgs/Vector3 linear
    float64 x
    float64 y
    float64 z
  geimetry_msgsVector3 angular
  Float64[36]covariance
```

正如在消息结构中所见，nav_msgs/Odometry 提供了从机器人 frame_id 坐标系到 child_frame_id 坐标系的相对位置。它还能通过 geometry_msgs/Pose 消息提供机器人的位姿信息，通过 geometry_msgs/Twist 消息提供速度信息。

位姿信息中包含着两个结构：一个显示了欧拉坐标系中的位置；另一个则是使用一个四元数显示机器人的方向。机器人的方向也是机器人的角位移。

速度信息中包含着两个结构：一个线速度；另一个是角速度。对于机器人，经常使用的是线速度 x 和角速度 z。使用线速度 x 是为了知道机器人在向前移动还是在向后移动，使用角速度 z 是为了知道机器人在向左转还是向右转。

因为里程其实就是两个坐标系直接的位移，那么就有必要发布两个坐标系之间的坐标变换信息。现在来看看 Gazebo 是如何处理里程信息的。

4. Gazebo 如何获取里程数据

机器人在仿真环境中的移动和真实世界中的机器人是一样的。机器人使用的驱动插件是 diffdrive_plugin。在 Gazebo 中创建机器人并通过这个插件驱动它。这个驱动就会发布机器人在仿真环境中的里程信息，所以并不需要为 Gazebo 再去编写任何代码。

在 Gazebo 中执行示例机器人，并查看里程数据。在命令窗口中输入以下命令：

```
$ ROSluahch chapter8_tutprials Gazebo_xacro.launch model:
="ROSpack find robot1_description/URDF/robot1_base_04.xacro"
$ ROSrun teleop_twist_keyboard teleop_twist_keyboard.py
```

然后，通过 teleop 远程操作节点，先移动机器人一段时间以便在 odometry 主题中生成足够多的数据。

在 Gazebo 仿真环境的界面上，如果单击 robot_model1，就会看到各种组件和字段的属性值，其中一个属性是机器人的位姿（pose）。单击位姿就会看到相应字段的数据。现在能够看到的是机器人在仿真环境中的位置。如果移动机器人，这个数据就会改变。

Gazebo 会不间断地发布里程数据。可以单击主题来查看具体的发布数据，也可以在命令行窗口中输入以下命令：

```
$ ROStopic echo/odom/pose/pose
```

可以看到以下输出：

```
position:
    x:1.36988769868
    y:0.620282427846
    z:0.0
orientation:
    x:0.0
    y:0.0
    z:0.28708429626
    w:0.957905322477
```

插件的源文件保存在 Gazebo_plugins 功能包中，文件名为 Gazebo_ROS_skid_drive.cpp，这个文件有很多行代码，但最重要的部分就是下面这个 publishodometry（）函数：

```
Void GazeboROSSkidSteerDrive::publidhodmetry(double step_time)
{
ROS::TIime current_time=ROS::Time:now()
std::string odom_farme=
tf::resolve(ty_prefix_,odometry_frame_);
std::string base_footprint_frame=
ty::tesolve(tf_prefix_,robot_base_frame_);
//TODO create some non-perfect odometry!
//getting data for base_footprint to odom tranform
math::Pose pose=this->parent->GetWorldPose();
tf::Quaternion qt(pose.rot.x,pose.rot.y,pose.rot.z,pose.rot.w)
tf::Vector3 vt(poes.pos.x poes.pos.y poes.pos.z)
```

```cpp
tf::Transform base_footprint_to_odom(qt,vt);
if(this->broadcast_if_)
{
transform_broaadcaster_->sendTransform(
tf::StampedTrnsform(base_footprint_to_odom,current_time,
 odom_frame,base_footprint_framr));
 }
 //publish odom topic
 odom_.pose.pose.position.x=pose.pos.x;
 odom_.pose.pose.position.y=pose.pos.y;
 odom_.pose.pose.orientation.x=pose.rot.x;
 odom_.pose.pose.orientation.y=pose.rot.y;
 odom_.pose.pose.orientation.z=pose.rot.z;
 odom_.pose.pose.orientation.w=pose.rot.w;
 odom_.pose.covariance[0]=0.00001;
 odom_.pose.covariance[7]=0.00001;
 odom_.pose.covariance[14]=1000000000000.0;
 odom_.pose.covariance[21]=1000000000000.0;
 odom_.pose.covariance[28]=1000000000000.0;
 odom_.pose.covariance[35]=0.01;
 //get velocity in/odom frame
 math::Vector3 linear;
 linear=this->parent0>GetWolrdLlinearVel();
 odom_.twist.twist.angular.z=cosfthis->parent->GetWolrdLlinearVel
().z;
    //concert celocity to child_frame_id(aka base_footpraint)float
yaw=pose.rot.GetYaw();
    odom_.twist.twist.linear.x=cosf(yaw)*linear.x+ dinf(yaw)*
linear.y;
    odom_.twist.twist.linear.y=cosf(yaw)*linear.y+ dinf(yaw)*
linear.x
    odom_.header.stamp=current_time;
    odom_.header.frame--id=odom_frame;
    odom_.child_frame_id=base_footprint_frame;
    odometry_publisher_.publish(odom_);
 }
```

　　publishodometry（）函数的功能就是发布里程数据。结构体的各个字段如何被赋值以及如何设定里程主题的名称（在本案例就是 odom）会在后面的小节中进行具体介绍。机器人位姿数据创建是在代码的其他部分完成的。

5. 创建自定义里程数据

在 chapter8_tutprials/src 文件夹下以 odometry.pp 为名创建一个新的文件，并加入以下的代码：

```cpp
#include<sering>
#include<ROS/ROS.h>
#include<sensoe_masgs/JointSrare.h>
#include<tf/transform_broadcaster.h>
#include<nav_msgs/Odometry.h>
int main(argc,argv,char**argv){
ROS::init(argc,arfv,"state_publisher");
  ROS::nodeHandle n;
  ROS::publisher odom_pud=n.adcertise<nav_msgs:: odometry>
("odom",10);
  //initial position
double x=0.0;
double y=0.0;
double th=0;
//velocity
double vx=0.4;
double vy=0.0;
double vth=0.4;
ROS::Time current_time;
ROS::Time last_time;
Currrent_time=ROS::Time::now( );
ty::TransformBroadcaster broadcaster;
ROS::Rate loop_rate(20);
const double degree=M_PI/180;
//medssage declarations geometry_msgs::TranformStamped odom_trans;
odom_trans.header.frame_id="odom";
odom_trans.child_frame_id="base_footprint";
while (ROS::ok( )){
    current_time=ROS::Time::now( )
    double dt=(current_time-last_time).toSec();
    double delta_x=(vx*cos(th)-vy*sin(th))*dt;
    double delta_y=(vx*sin(th)-vy*cos(th))*dt;
    double delta_th=vth*dt;
    x+=deubla_x;
```

```
        y+=deubla_y;
        th+=deubla_th;
        geometry_msgs::Quatrnion odom_quat;
       odom_quat=tf::createQuatrnionMsgFromRollpitchYaw(0,0,th);
        // update transform
        odom_trans.header.stamp=current_time
        odom_trans.transform.translation.x=x;
        odom_trans.transform.translation.y=0.0;
        odom_trans.transform.translation.z=0.0;
        odom_trans.transform.rotation=tf::createQuaternionMsgFromYaw(th);
        //filling the odometry
        nav_msgs::Odmoetry odom;
        odom.header.stamp=current_time;
        odom.header.frame_id="odom";
        odom.child_frame_id="base_footprint";
        //position
        odom.pose.pose.position.x=x;
        odom.pose.pose.position.y=y;
        odom.pose.pose.position.z=0.0;
        odom.pose.pose.orientation=odom_quat;
        //velocity
        odom.twist.twist.linear.x=vx;
        odom.twist.twist.linear.y=vx;
        odom.twist.twist.linear.z=0.0;
        odom.twist.twist.angular.x=0.0;
        odom.twist.twist.angular.y=0.0;
        odom.twist.twist.angular.z=vth;
    last time=current_time;
    //publishing the odometry and the new tf broaddcaster.sendTransform
(odom_trans);
        odom oub,oublish(odom);
        loop_rate.sleep();
    }
    rerurn
  }
```

首先，创建一个坐标变换的结构变量，并分别以 frame_id 字段和 child_frame_id 字段赋值，以便能够知道何时坐标系发生了移动。基本坐标系 base_footprint 将会相对于 odom 坐标系移动。

```
geometry_msgs::TransformStamped odom_trans;
    odom.header.frame_id="odom";
    odom.child_frame_id="base_footprint";
```

在这段代码中，还会生成机器人的位姿信息。根据线速度和角速度还能够计算一段时间后机器人的位置：

```
double dt=(current_time-last_time).toSec();
double delta_x=(vx*cos(th)-vy*sin(th))*dt;
double delta_y=(vx*sin(th)-vy*cos(th))*dt;
double delta_th=vth*dt;
x+=deubla_x;
y+=deubla_y;
th+=deubla_th;
geometry_msgs::Quatrnion odom_quat;
odom_quat=tf::createQuatrnionMsgFromRollpitchYaw(0,0,th);
```

在这个坐标转换结构中，将只给 x 和 rotation 字段赋值，因为机器人只能前后运动和转向：

```
odom_trans.header.stamp=current_time
odom_trans.transform.translation.x=x;
odom_trans.transform.translation.y=0.0;
odom_trans.transform.translation.z=0.0;
odom_trans.transform.rotation=tf::createQuaternionMsgFromYaw(th);
```

对于里程的结构体量，将 odom 坐标系和 base_footprint 坐标系分别赋值给 frame_id 和 child_id 字段。

里程的结构体变量里面还包含着两个结构体。为 pose 结构体中的 x、y 和 orientation 字段分别赋值。在 twist 结构体中，分别为线速度 x 和角速度 y 赋值：

```
odom.pose.pose.position.x=x;
odom.pose.pose.position.y=y;
odom.pose.pose.orientation=odom_quat;
//velocity
odom.twist.twist.linear.x=vx;
odom.twist.twist.angular.z=vth;
```

一旦完成对所有必需字段的赋值，则发布数据：

```
//publishing the odometry and the new tf broaddcaster. sendTransform
(odom_trans);
    odom oub,oublish(odom);
```

在编译前需要在 CMakeLists.txt 文件中添加以下行：

```
add_executable(odometry src/odometry.cpp)
target_link_libraies(odomtry ${catkin_LIBRARIES})
```

编译完成功能包后不使用 Gazebo 而只使用 RViz 来可视化机器人模型及其运动，运行以下命令：

```
$ROSluach chapter8_tutoruals display_xacro.lauch modwl:= "ROSpack
find chapter8_tutorials/
  URDF/tobot1_base_04.xacro"
```

使用以下命令运行里程数据处理节点：

```
$ROSrun chapter8_tutorials odomtry
```

在 RViz 屏幕上，就能看到机器人沿着红色箭头移动，并跨越不同的背景网格。机器人跨越网格说明了系统正在为机器人发布新的坐标变换，红色的箭头是图形化表示的里程信息。

6.3.4 自动导航

1. 自动导航配置

移动机器人在自动导航时需要得到周围的环境地图作为其产生路径的依据，因此需要进行地图构建。移动机器人所需要的地图通常使用 slam_gmapping 来构建。和导航类似，在构建过程中需要使用激光雷达识别周围环境，同时还需要使用 move_base 节点来控制机器人的移动，进行障碍物的躲避。只是需要使用 slam_gmapping 节点将识别到的环境构建为栅格地图。创建 lidar_slam.launch 文件进行地图的构建，内容如下：

```
<launch>
 <include file="$(find rikirobot)/launch/lidar_laser.launch"/>
 <include file="$(find rikirobot)/param/slam_gmapping.xml"/>
 <include file="$(find rikirobot)/param/move_base.xml "/>
</launch>
```

其中，lidar_laser.launch 及 move_base.xml 已经在 navigate.launch 中描述过。slam_gmapping.xml 的内容如下：

```
<launch>
 <node pkg="gmapping" type="slam_gmapping" name="slam_gmapping" output=
"screen">
    <param name="base_frame" value="/base_link" />
    <param name="odom_frame" value="/odom" />
    <param name="map_update_interval" value="15.0"/>
```

```
        <param name="maxUrange" value="5.0"/>
        <param name="minRange" value="-0.5"/>
        <param name="sigma" value="0.05"/>
        <param name="kernelSize" value="1"/>
        <param name="lstep" value="0.05"/>
        <param name="astep" value="0.05"/>
        <param name="iterations" value="5"/>
        <param name="lsigma" value="0.075"/>
        <param name="ogain" value="3.0"/>
        <param name="lskip" value="0"/>
        <param name="minimumScore" value="100"/>
        <param name="srr" value="0.01"/>
        <param name="srt" value="0.02"/>
        <param name="str" value="0.01"/>
        <param name="stt" value="0.02"/>
        <param name="linearUpdate" value="0.7"/>
        <param name="angularUpdate" value="0.7"/>
        <param name="temporalUpdate" value="-0.5"/>
        <param name="resampleThreshold" value="0.5"/>
        <param name="particles" value="50"/>
        <param name="xmin" value="-50.0"/>
        <param name="ymin" value="-50.0"/>
        <param name="xmax" value="50.0"/>
        <param name="ymax" value="50.0"/>
        <param name="delta" value="0.05"/>
        <param name="llsamplerange" value="0.05"/>
        <param name="llsamplestep" value="0.05"/>
        <param name="lasamplerange" value="0.005"/>
        <param name="lasamplestep" value="0.005"/>
        <param name="transform_publish_period"value="0.1"/>
    </node>
  </launch>
```

slam_gmapping.xml 中各参数的意义表示如下：

base_frame 参数表示机器人基座坐标系；

odom_frame 参数表示里程计坐标系；

map_update_interval 参数表示地图更新频率；

maxUrange 参数表示激光探测最大的可用范围，光束的范围根据该值进行调整；

minRange 参数表示传感器探测的最小范围；

sigma 表示终点的匹配标准差,用来设置终点贪婪匹配算法的参数;

kernelSize 参数表示用于查找对应的 kernel size;

lstep 参数表示平移优化步长;

astep 参数表示旋转优化步长;

iterations 参数表示扫描匹配器的迭代步数;

lsigma 参数用于扫描匹配概率的激光标准差;

ogain 参数表示在进行估计时所用的增益,即为平滑重采样影响使用的增益;

lskip 参数表示每次扫描时跳过的光束数;

minimumScore 参数用于避免在大空间范围使用有限距离的激光扫描仪时出现的预估位置跳动问题,从而获得更好的扫描匹配输出结果。

srr 参数将平移时的里程误差作为平移函数(rho/rho);

srt 参数将平移时的里程误差作为旋转函数(rho/theta);

str 参数将旋转时的里程误差作为平移函数(theta/rho);

stt 参数将旋转时的里程误差作为旋转函数(theta/theta);

linearUpdate 表示机器人处理扫描数据所需要移动的距离;

angularUpdate 表示机器人处理扫描数据所需要旋转的距离;

temporalUpdate 表示处理扫描次数。如果最新扫描处理比更新慢,则处理 1 次扫描。该值为负数时关闭基于时间的更新;

resampleThreshold 参数表示基于 Neff 的采样阈值;

particles 参数表示滤波器中粒子数目;

xmin 参数表示地图初始尺寸中 x 方向的最小值;

ymin 参数表示地图初始尺寸中 y 方向的最小值;

xmax 参数表示地图初始尺寸中 x 方向的最大值;

ymax 参数表示地图初始尺寸中 y 方向的最大值;

delta 参数表示地图分辨率;

llsamplerange 参数表示用于似然函数的平移采样距离;

llsamplestep 参数表示用于似然函数的平移采样步长;

lasamplerange 参数表示用于似然函数的角度采样距离;

lasamplestep 参数表示用于似然函数的角度采样步长;

transform_publish_period 参数表示变换发布时间周期。

在 slam 构图的配置完成之后,使用如下命令对启动 lidar_slam.launch 文件进行构图:

```
ROSlaunch rikirobot lidar_slam.launch
```

然后,再通过 ROSrun RViz RViz 命令启动 RViz 仿真界面,并在界面中配置构图所需要的主题和元素,如图 6-20 所示。

在显示区(Displays)中的插件选项,都是通过 Add 添加的。其中 Map、global Map、local Map 这几个都是添加的 Map 插件,其主题分别为 /Map , /move_base/local_costmap/costmap, /move_base/global_costmap/costmap。其余插件的添加方法是类似的。

6.3 移动机器人运动控制

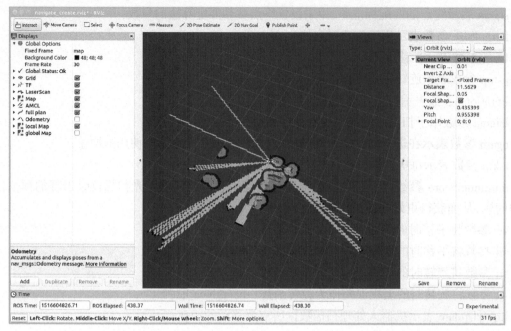

图 6-20　通过 ROSrun RViz RViz 命令启动 RViz 仿真界面

控制小车在要构建地图的区域内走动，由于构建的地图数据量比较大，因此在每经过一个区域时，都要停留一段时间，让机器人将搜集到的雷达数据进行处理和保存。将地图构建完成之后，用以下命令将构建的地图进行保存：

```
ROSrun map_server map_saver -f office
```

该指令使用 map_server 包中的 map_saver 节点将构建的地图保存为 pgm 格式和 yaml 格式的文件并命名为 office。office.pgm 文件是地图的二进制图片，如图 6-21 所示，office.yaml 文件则指定了地图的原点和分辨率。

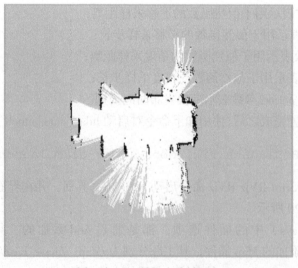

图 6-21　地图的二进制图片

在构建好地图之后，将地图文件加入导航包中就可以进行导航。在 navigate.launch 文件中加入 office.yaml 文件后，就能在构建好的地图中进行自动导航，程序如下所示：

```
<launch>
  <include file="$(find rikirobot)/launch/lidar_laser.launch" />
  <arg name="map_file" default="$(find rikirobot)/maps/office.
yaml"/>
  <node pkg="map_server" name="map_server"  type="map_server"
args="$(arg map_file)" />
  <include file="$(find rikirobot)/launch/amcl.launch" />
  <include file="$(find rikirobot)/param/move_base.xml" />
</launch>
```

其中，第 2、3 条语句表示将 office 地图文件通过 map_server 节点导入导航包中。

2. 自动导航

在进行自动导航配置之后，使用如下命令启动导航包：

ROSlaunch rikirobot navigate.launch

为了使导航过程可视化，在 PC 上运行"ROSrun RViz RViz"指令并在其中单击"add"选项添加表 6–2 中的插件和主题来显示导航的过程。

表 6–2 导航中的插件和主题

插件	名称	主题	备注
Path	Local Path	/move_base_node/ TrajectoryPlannerROS/ local_plan	局部路径，用于机器人的避障
Path	Global Path	/move_base_node/ TrajectoryPlannerROS/ global_plan	全局路径，用于机器人在全局范围内进行路径规划
Path	Navfn Path	/move_base_node/ NavfnROS/plan	全局路径，用于机器人在全局范围内进行路径规划
Map	Map	/map	构建的地图
Map	Local Map	/move_base_node/ local_costmap/costmap	局部代价地图，用于扩展障碍物的边界，防止机器人碰撞障碍物
Map	Global Map	/move_base/global_ costmap/costmap	全局代价地图。将构建地图中所有的障碍物进行扩展，用于规划机器人适合的行走路线

插件	名称	主题	备注
Polygon	Polygon	/move_base_node/ local_costmap/footprint	机器人的外形,可以为正多边形,也可以为圆形
Pose	Pose	/move_base/current_ goal	用于显示机器人在地图中的位置
LaserScan	Laserscan	/scan	激光雷达的数据,显示障碍物信息,用于避障和导航
PoseArray	Particle cloud	/particlecloud	粒子云数据,用于在图中显示机器人的定位状态。粒子云集中度越高,则表示其定位越准确,反之定位越不准确

在添加完上述插件之后,RViz 中的导航显示如图 6-22 所示。单击 RViz 界面上方菜单栏中的 File → Save Config As 选项,保存为 single_robot.RViz 文件。该操作可以对上述配置进行保存,便于下次直接调用。

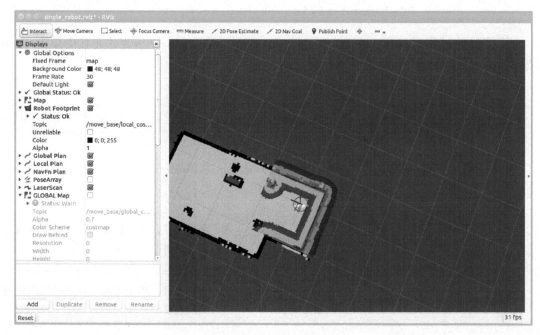

图 6-22 导航扫描地图

然后,再运行 ROSrun RViz RViz 指令打开 abotix 仿真环境,如图 6-23 所示。

如果图中的激光雷达识别到的障碍物与地图中周围的环境不是完全重合的,那就需要对机器人的位置进行定位了。使用 RViz 中的 2D Pose Estimate 选项进行机器人的位置估计,在地图中不同的空白区域内单击,对机器人的位置进行估计,当激光雷达识别到的障碍物与地图中的环境相匹配时,就可以进行导航。单击 2D Nav Goal 就可以在地图中指定目标点,然后进行路径规划,机器人会按照指定路径到达目标点,如图 6-24 所示。

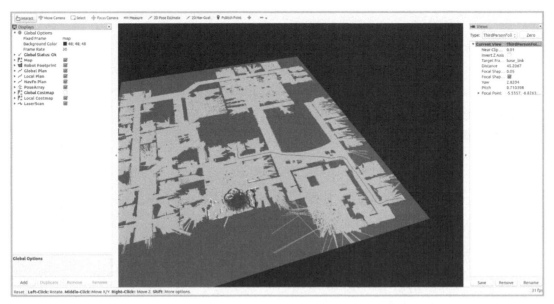

图 6-23　abotix 仿真环境

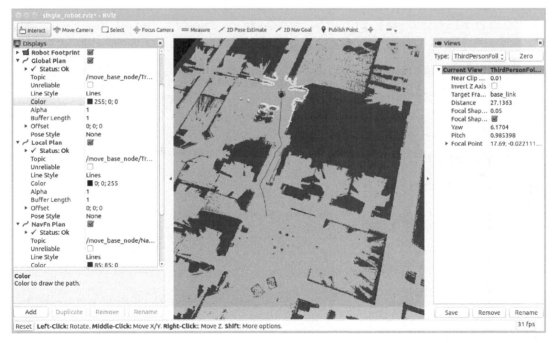

图 6-24　指定路径

6.3.5　目标点发送

6.3.4 节是在地图中用 2D Nav Goal 选项指定目标点的位置，但只能指定小车的大概位置。而在某些情况下需要到达具体的位置点，就需要用程序进行目标点的发送。下面就对目标点的发送程序 send_goal 分段解释。

6.3 移动机器人运动控制

1. 添加必要的头文件

```
#include"ROS/ROS.h"
#include "move_base_msgs/MoveBaseAction.h"// 加载使用 move_base 的动作
#include "actionlib/client/simple_action_client.h"// 使用 action 动作
#include "iostream"
#include "geometry_msgs/Twist.h"// 指定小车运行的速度
```

2. 建立客户端

```
typedef  actionlib::SimpleActionClient<move_base_msgs::MoveBase-
Action> MoveBaseClient;
```

3. 通过主程序指定小车的运动速度并发送目标点的位置

```
int main(int argc, char** argv)
{
ROS::init(argc,argv, "send_goal")
ROS::Publisher vel_pub=cmd_pub.advertise<geometry_msgs::Twist>
("cmd_vel",100);    // 发送小车的速度
geometry_msgs::Twist vel;// 建立小车的运动消息
// 指定小车的运动速度
    vel.linear.x=0.15;
    vel.linear.y=0.15;
    vel.angular.x=0;
    vel.angular.y=0;
vel.angular.z=0.02;
// 将小车的运动速度发送出去
    vel_pub.publish(vel);
ROS_INFO("waiting for service!");
// 定义移动机器人运动的客户端
MoveBaseClient ac("move_base",true);
// 等待服务端
    ac.waitForServer(ROS::Duration(60));
ROS_INFO("connect to server");
// 设置发送目标点的位置
move_base_msgs::MoveBaseGoal goal;
// 设置目标点的相对坐标系
goal.target_pose.header.frame_id="map";
```

```
//设置目标点的时间戳
goal.target_pose.header.stamp=ROS::Time::now();
//设置目标点的位置
   goal.target_pose.pose.position.x=26.3;
goal.target_pose.pose.position.y=16.9;
ROS_INFO("sending goal");
//等待服务结果
    ac.waitForResult(ROS::Duration(100));
  if(ac.getState()==actionlib::SimpleClientGoalState::SUCCEEDED)
  {
     ROS_INFO("success to send goal :)");
  }
  else
  {
     ROS_INFO("failed to send goal :(");
  }
  return 0;
}
}
```

6.3.6 路径规划

当路径中的起始点和目标点的位置已经给定时，可以在导航包中进行这两点之间的路径规划。在进行路径规划时，机器人并不参与路径规划。下面对路径规划程序 make_plan.cpp 进行分段解释。

1. 添加必要的头文件

```
#include "ROS/ROS.h"
#include "actionlib/client/simple_action_client.h"// 添加动作服务
#include "nav_msgs/GetPlan.h"// 获取路径信息
#include "geometry_msgs/PoseStamped.h"
#include "string"
#include "boost/foreach.hpp"
```

2. 定义路径服务

```
// 路径定义函数
void fillPathRequest(nav_msgs::GetPlan::Request &request)
{
// 指定起始点的参考坐标系
    request.start.header.frame_id="map";
// 指定起始点
     request.start.pose.orientation.w=1;
    request.start.pose.position.x=25.6;
    request.start.pose.position.y=23.6;
// 指定目标点的参考坐标系
    request.goal.header.frame_id="map";
// 指定目标点
    request.goal.pose.orientation.w=1;
    request.goal.pose.position.x=3.5;
    request.goal.pose.position.y=2.0;
// 指定目标点的到达精度
    request.tolerance=0.5;
}
// 路径规划服务函数
void CallPlanningService(ROS::ServiceClient &ServiceClient, nav_msgs::GetPlan &srv)
{
    if(ServiceClient.call(srv))
    {
      if (!srv.response.plan.poses.empty())
      {
// 在终端中显示路径上各点的坐标
      forEach(const geometry_msgs::PoseStamped &p, srv.response.plan.poses)
        {
          ROS_INFO("x=%f, y=%f", p.pose.position.x, p.pose.position.y);
        }
      }
    }
    else
```

```
        {
            ROS_INFO("Got empty plan");
        }
    }
        else
        {
            ROS_ERROR("failed to call service :(");
        }
    }
```

3. 在主函数中进行路径规划

```
int main(int argc, char *argv[])
{
    ROS::init(argc, argv, "make_plan");
    ROS::NodeHandle nh;
// 启用 move_base_node/make_plan 服务
    std::string service_name="move_base_node/make_plan";
    while(!ROS::service::waitForService(service_name,ROS::
Duration(10))) {
    ROS_INFO("wait for service move_base_node/make_plan");
    }
// 定义路径规划服务的客户端
    ROS::ServiceClient
serviceClient=nh.serviceClient<nav_msgs::GetPlan>(service_
name,true);
    if(!serviceClient)
    {
        ROS_FATAL("can not initialize get plan client");
        return -1;
    }
    nav_msgs::GetPlan srv;
// 调用函数进行路径规划
    fillPathRequest(srv.request);
    CallPlanningService(serviceClient,srv);
    return 0;
}
```

运行程序之后的结果如图 6-25 所示，其中红色的线路就表示路径规划之后的路线。

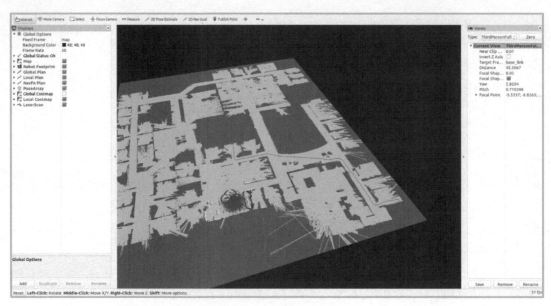

图 6-25 路径规划之后的路线

6.4   机器人系统调试

6.4.1   GDB 调试

GDB 是 GNU 开源组织发布的一个强大的 UNIX 环境下的程序调试工具。GDB 调试工具具有比 VC、BCB 的图形化调试器更强大的功能。

一般来说，GDB 主要完成以下 4 个方面的功能：

（1）启动程序，按照自定义的要求运行程序。

（2）可让被调试的程序在所指定的断点处暂停，断点可以是条件表达式。

（3）当程序被暂停时，可以查看当前程序运行的一些参数。

（4）动态改变程序的执行环境。

使用 GDB 调试程序的一般步骤如下：

第一步：编译时添加 debug 标签。编译器有些优化会让 debug 无法进行。为了避免这种情况，程序编译时要加上 debug 选项。即在使用 catkin_make 时加上一个参数，如下所示：

```
catkin_make  -DCMAKE_BUILD_TYPE=Debug
```

这样就为需要调试的程序加上了 debug 标签，做好调试准备。

第二步：在 GDB 里运行程序。在 GDB 里运行程序，有以下两种方式：

（1）在使用启动文件启动节点时，可以通过使用 XML 语法修改启动文件中的节点属性，在节点启动时调用 GDB 调试器。即在 launch 文件中需要 debug 的 node 命令行加上如下的参数：

```
launch-prefix="xterm -e gdb --args"
```

（2）如果使用 ROSrun，可直接在调用时加上 GDB 参数，命令如下：

```
ROSrun --prefix "gdb -ex run --args" [package_name] [node_name]
```

第三步：开始 debug。完成以上步骤并开始运行程序后，节点会在 GDB 的管理下运行。可以开始逐行运行程序，设置断点并查看内存参数等。如果程序在某一行运行停止，GDB 会停在那一行，就可以查看程序产生问题的原因。GDB 是命令行程序，与其进行的交互全是通过指令实现的。

一般情况下，GDB 主要用来调试 C/C++ 程序。下面以 mra7a 机器人的笛卡儿路径程序为例来学习 GDB 调试的过程。

源程序：mra7a_cartesian_paths.cpp

```
1#include <ROS/ROS.h>
2#include <moveit/move_group_interface/move_group_interface.h>
3#include <moveit/planning_scene_interface/planning_scene_
interface.h>
4#include <moveit_msgs/DisplayRobotState.h>
5#include <moveit_msgs/DisplayTrajectory.h>
6 int main(int argc, char **argv)
7 {
8 ROS::init(argc,argv,"test_random_node",ROS::init_options::
AnonymousName);
9 ROS::NodeHandle node_handle;
10 ROS::AsyncSpinner spinner(1);
11 spinner.start();
12 static const std::string PLANNING_GROUP="arm";
13 moveit::planning_interface::MoveGroupInterface.move_group
(PLANNING_GROUP);
14 moveit::planning_interface::PlanningSceneInterface
planning_scene_interface;
15 const robot_state::JointModelGroup *joint_model_group=
move_group.getCurrentState()->getJointModelGroup(PLANNING_
GROUP);
16 geometry_msgs::Pose target_pose;
17 target_pose.orientation.w=0.42625;
```

```
18 target_pose.orientation.x=6.04423e-07;
19 target_pose.orientation.y=-0.687386;
20 target_pose.orientation.z=2.41813e-07;
21 target_pose.position.x=0.12645;
22 target_pose.position.y=2.5172e-07;
23 target_pose.position.z=0.62836;
24 move_group.setPoseTarget(target_pose);
25 moveit::planning_interface::MoveGroupInterface::Plan my_plan;
26 bool success = move_group.plan(my_plan);
27 ROS_INFO("Visualizing plan 1(pose goal)%s",success? "":
"FAILED");
28 robot_state::RobotState start_state
(*move_group.getCurrentState());
29 geometry_msgs::Pose start_pose1;
30 start_pose1.orientation.w=0.4632;
31 start_pose1.position.x=-2.2624;
32 start_pose1.position.y=2.4862;
33 start_pose1.position.z=-1.2564;
34 start_state.setFromIK(joint_model_group.start_pose1);
35 move_group.setStartState(start_state);
36 move_group.setPlanningTime(10.0);
37 success=move_group.plan(my_plan);
38 ROS_INFO_NAMED("Visualizing plan 2(constraints)%s",success?
"":"FAILED");
39 move_group.clearPathConstraints();
40 std::vetor<geometry_msgs::Pose> waypoints;
41 waypoints.push_back(start_pose1);
42 geometry_msgs::Pose target_pose2=start_pose1;
43 target_pose2.position.z +=0.6;
44 waypoints.push_back(target_pose2);
45 target_pose2.position.y -=0.2;
46 waypoints.push_back(target_pose2);
47 target_pose2.position.z -=0.4;
48 target_pose2.position.y +=0.2;
49 target_pose2.position.x -=0.4;
50 waypoints.push_back(target_pose2);
51 move_group.setMaxVelocityScalingFactor(0.1);
```

```
52 moveit_msgs::RobotTrajectory trajectory;
53 const double jump_threshold=0.0;
54 const double eff_step=0.01;
55 double fraction=move_group.computeCartesianPath
(waypoints,eff_step,jump_threshold,trajectory);
56 ROS::shutdown();
57 return 0;
58 }
```

1. 编译时添加 debug 标签

在终端中输入如下命令：

```
cd ~/mra7a
catkin_make-DCMAKE_BUILD_TYPE=Debug
```

2. 在 GDB 里运行程序

在节点启动时调用 GDB 调试器。打开 mra7a_moveit_config 包文件夹下 launch 文件夹中的 demo.launch 文件，在需要 debug 节点的命令行添加如下的语言：

```
<node pkg="mra7a_controller" type="mra7a_cartesian_paths"
name="mra7a_cartesian_paths" output=" screen" launch-prefix="xterm -e
gdb --args"/>
```

3. 开始 debug

下面通过如下命令启动节点：

```
ROSlaunch mra7a_moveit_config demo.launch
```

这样就会出现如图 6-26 所示的 GDB 调试窗口。

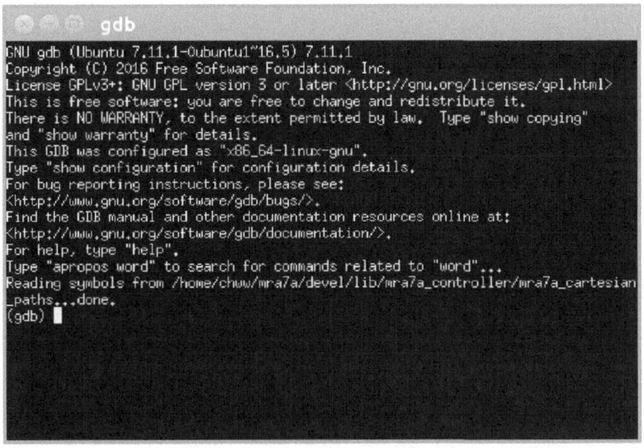

图 6-26　GDB 调试窗口

（1）查看源文件。使用list 1命令，简写为l 1，表示列出源文件，由第一行开始。然后直接按Enter键，表示重复上一次命令。

（2）设置调试断点。使用break 27命令，简写为b 27，表示在源程序第27行处设置断点。执行后如下：

```
Breakpoint 1 at 0x410b61:file/home/mra7a/src/mra7a_controller/
src/mra7a_cartesian_paths.cpp,line 27.
```

然后使用info break命令，简写为i b，表示查看断点信息。显示如下：

```
Num Type Disp End  Address what
 1 breakpoint keep y 0x0000000000410b61 int main(int,char**)at
/home/mra7a/src/mra7a_controller/src/mra7a_cartesian_paths.cpp:27
```

再设置一个断点，输入b 39。显示如下：

```
Breakpoint 2 at 0x410fdb:file/home/mra7a/src/mra7a_controller/
src/mra7a_cartesian_paths.cpp,line 39.
```

在使用info break命令来查看此时的断点信息。显示如下：

```
Num Type Disp  End  Address what
 1 breakpoint keep y 0x0000000000410b61 int main(int,char**)at /
home/mra7a/src/mra7a_controller/src/mra7a_cartesian_paths.cpp:27
 2 breakpoint keep y 0x0000000000410fdb int main(int,char**)at /
home/mra7a/src/mra7a_controller/src/mra7a_cartesian_paths.cpp:39
```

（3）调试运行。

使用run命令，简写为r，表示运行程序。运行后会出现：

```
Thread 1 "mra7a_cartesian" hit Breakpoint 1,main
 (argc=1,argv=0x7fffffffd898)at
 /home/mra7a/src/mra7a_controller/src/mra7a_cartesian_paths.
cpp:27
 27 ROS_INFO("Visualizing plan 1(pose goal)$s",success? "":"FAILED");
```

表示在断点1处暂停运行程序。

然后可以使用单步调试命令来查看程序是否出错。例如使用step命令，简写为s，表示可以进入单步调试；或者使用next命令，简写为n，表示不进入单步调试。

（4）查看变量。通过使用print b命令，简写为p b，可以查看变量b的值。然后使用backtraces命令，简写为bt，表示查看当前函数堆栈的所有信息。之后再用finish命令退出函数。

（5）继续运行。使用命令 continue，简写为 c，表示继续运行直到下一个断点或主函数结束。显示如下：

```
Thread 1 "mra7a_cartesian" hit Breakpoint 2,main
(argc=1,argv=0x7fffffffd898)at/home/mra7a/src/mra7a_controller/
src/mra7a_cartesian_paths.cpp:39
39 move_group.clearPathConstraints();
```

（6）退出调试。使用命令 quit，简写为 q，表示退出 gdb 调试。

4. RoboWare Studio 调试

（1）辅助 ROS 开发。RoboWare Studio 专为 ROS（Indigo/jade/kinetic）设计，以图形化的方式进行 ROS 工作区及包的创建、源码添加、message/service/action 文件创建、显示包及节点列表。可实现 CMakeLists.txt 文件和 package.xml 文件的自动更新。

（2）友好的编码体验。提供现代 IDE 的重要特性，包括语法高亮、代码补全、定义跳转、查看定义、错误诊断与显示等。支持集成终端功能，可在 IDE 界面同时打开多个终端窗口。

（3）C++ 和 Python 代码调试。提供 Release、Debug 及 Isolated 编译选项，以界面交互的方式调试 C++ 和 Python 代码，可设置断点、显示调用堆栈、单步运行，并支持交互式终端。可在用户界面展示 ROS 包和节点列表。

6.4.2 Qt 调试 ROS 程序

在 Qt 下使用一个 Qt 插件 ROS_qtc_plugin 是 ROS 开发的一种完美解决方案。这个插件使得 Qt "新建项目" 和 "新建文件" 选项中出现 ROS 的相关选项，可以直接在 Qt 下创建、编译、调试 ROS 项目，也可以直接在 Qt 项目中添加 ROS 的 package、URDF、launch。

插件 ROS_qtc_plugin 安装完成后，就可以用它新建项目并进行运行调试。使用插件的 "Projects"（新建项目）中的 "Other Project" 选项，不仅可以新建工作空间，还可以导入现有的工作空间；而 "Files and Classes"（新建文件）中的 "ROS" 下面的 "Package" "Basic Node" 等选项，可以创建功能包和节点、launch 文件、URDF 文件等。

下面创建一个新的 catkin 工作空间，并且在里面创建一个功能包和节点。

1. 新建项目

通过菜单栏 "File" 下的 "New File or Project"，选择 "Other Project"，然后在中间的选项卡中选择 "ROS Workspace"，再单击右下角的 "Choose" 按钮，如图 6-27 所示。

然后填写 catkin 工作空间的名字和位置，这里的 Name 和 catkin 工作空间文件夹名字相同，都为 catkin_qt。然后单击 "Browse" 按钮，在其中创建一个名为 catkin_qt 的文件夹，选定并打开，如图 6-28 所示。

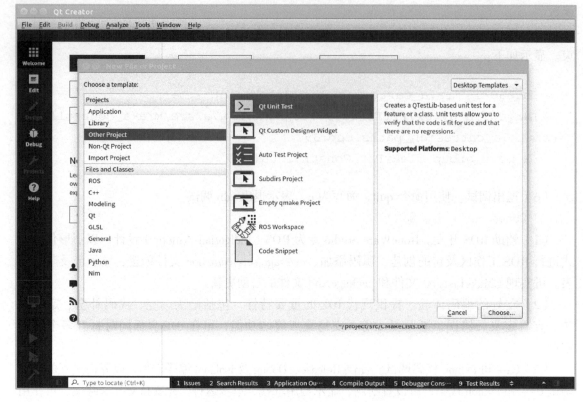

图 6-27　创建 ROS 工作空间

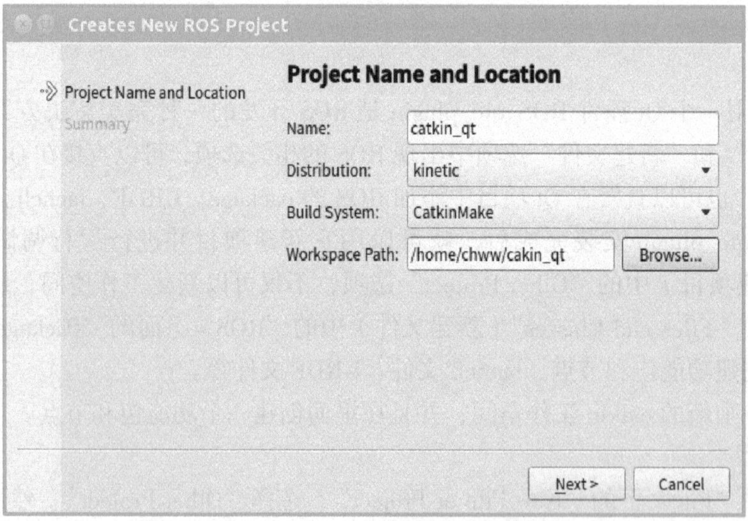

图 6-28　填写工作空间的信息

　　然后单击"Next"按钮，在"Project Management"（项目管理）步骤可以配置版本控制系统，这里默认设置，单击"Finish"按钮即可，如图 6-29 所示。

　　创建好的 catkin_qt 工作空间是空的，如图 6-30 所示。

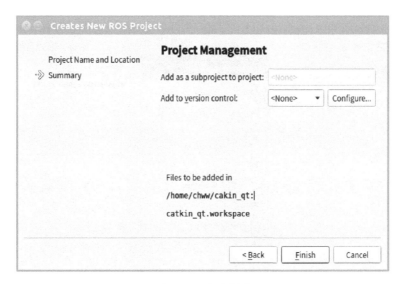

图 6-29 完成创建

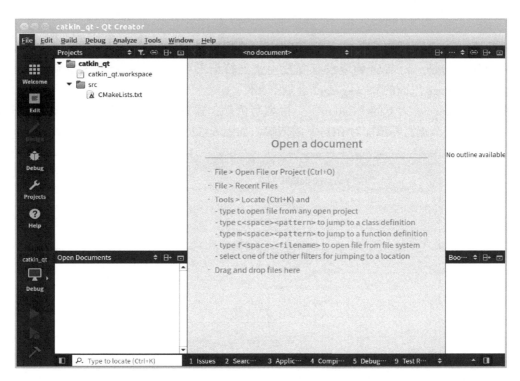

图 6-30 查看创建的工作空间

2. 创建功能包

下面在这个工作空间中创建一个新的 package。在 catkin_qt 下面的 src 目录上右击（单击右键），选择 "New File"（添加新文件），会出现如图 6-31 所示的界面，然后选择 "ROS" → "Package"，单击 "Choose" 按钮。

6.4 机器人系统调试

图 6-31　创建功能包

　　然后填写 package 的名字（Name），如 test。填写作者（Authors）和维护者（Maintainers）。这里需要注意的是，如果 Qt 环境没有配置中文支持请不要用中文，否则无法新建 package，或者新建的 package 里面的 package.xml 会是空文件。

　　在"Dependencies"下的"Catkin"一栏填写依赖，通常 C++ 节点需要添加对 ROScpp 的依赖，而 Python 节点需要添加对 ROSpy 的依赖，如图 6-32 所示。

图 6-32　填写功能包的信息

然后单击"Next 按钮",再单击"Finish"按钮,完成功能包的创建。

3. 添加新的节点

在 test 的 src 文件夹上右击,选择"New File"。选择"ROS"→"Basic Node",单击"Choose"按钮,如图 6-33 所示,则创建一个节点,也就是新建一个 .cpp 文件。

节点的"Name"填写"node1",单击"Next"按钮,如图 6-34 所示。再单击"Finish",则生成一个名为 node1.cpp 的源文件。

用 ROS 模板新建的 node1.cpp 源文件是自动生成的一个 hello world 程序,如图 6-35 所示。

4. 编译节点

为了使上面新建的节点编译成可执行文件还需要编辑功能包 test 的 CMakeLists.txt 文件,在其中加上如下内容:

```
add_executable(node1 src/node1.cpp)
target_link_libraries(node1
    ${catkin_LIBRARIES}
)
```

需要注意的是上面这些内容要放在 include_directories 后面,在构建项目时才会在 catkin_qt/devel/lib/test 里面生成可执行文件 node1.exe,这样后面进行"运行配置"时 test 包下面才会出现 node1 节点;如果把上面内容放在 include_directories 前面会使得构建过程直接在 catkin_qt/build/test 下面生成可执行文件 node1.exe,而在 devel 文件夹下找不到可执行文件,导致后面选择运行节点时不会出现这个节点。

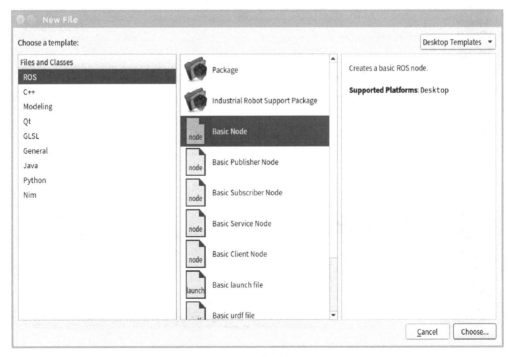

图 6-33 创建节点

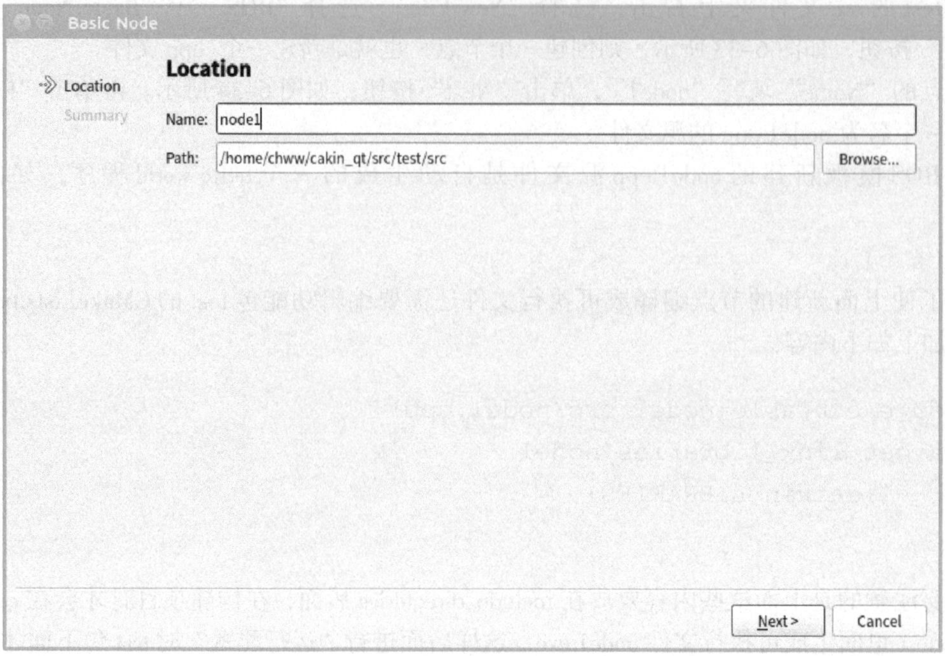

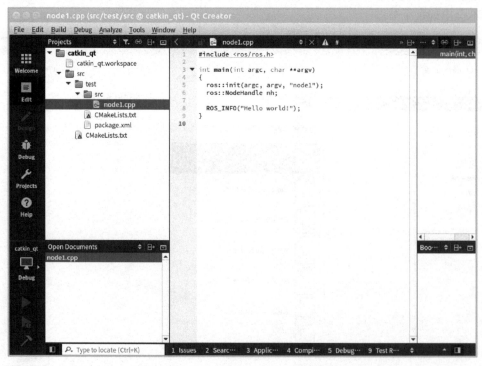

图 6-34　生成节点 node1

图 6-35　自动生成的 "hello world" 程序

修改好 CMakeLists.txt 之后单击 Qt 左下角的锤子图标，进行构建，在底边栏的编译输出中可以看到编译结果，如图 6-36 所示。

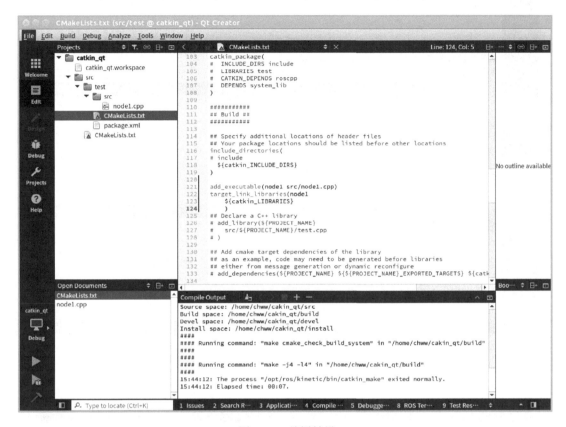

图 6-36　编译结果

5. 调试节点

调试节点时，可以在需要调试的程序段处设置相应的断点，然后单击左侧栏的"Debug"，则出现如图 6-37 所示的界面。

在新出现的框的上侧栏，单击绿色的"三角形"开始启动调试。这时需要稍等一会，因为 Qt Creator 需要一点时间编译所有的程序，编译完成后，会运行到断点处停止。如果没有问题，取消断点，单击"三角形"继续运行直至程序结束。此栏还有两个标志：一个是不进入函数进行调试；另一个是进入函数进行调试。

6. 运行节点

如果需要运行节点，则还需修改运行配置，单击左侧栏的"Projects"，在"Build & Run"下面选择"Run"，然后在"Run Settings"栏可以看到一个"Add Run Step"选项，单击该选项，可以通过下拉菜单选择 package 和 target，在下拉菜单中可以通过输入首字母初步定位到要找的 package 位置，选择好之后如图 6-38 所示。

在运行节点之前，需要在终端运行一个节点管理器，即在终端输入"ROScore"启动节点管理器。然后单击左下角的绿色"三角形"即可运行程序。运行结果可以在底边栏的 ROS 终端中查看，如图 6-39 所示。

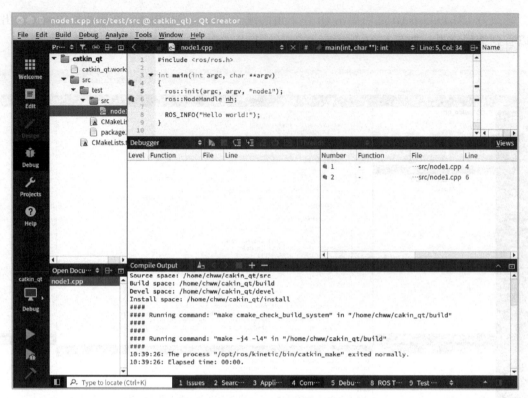

图 6-37 "Debug" 界面

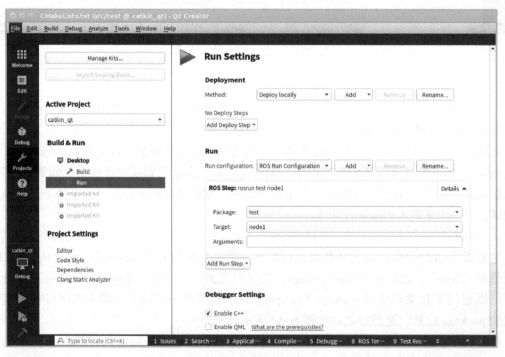

图 6-38 修改运行配置

图 6-39　查看运行结果

第七章

ROS 的应用

7.1

移动机械臂简介

7.1.1　机械臂参数描述

本章节以"基于 ROS 的多机器人研发调试平台"为例，其中移动机械臂是由 Rikirobot omni 4DW 智能小车和 Dobot 魔术师机械臂组成。

Dobot 魔术师机械臂是高精度 4 轴桌面智能机械臂，采用一体化的工业设计、自主研发的高精度步进电动机和减速机，能够实现 0.2 mm 的重复定位精度和高稳定性。该机械臂具有吸取、夹取、写字画画、激光雕刻、3D 打印等多种功能。

Dobot 魔术师机械臂的底座十分稳固，同时也是这个机械臂的控制中心，Dobot 魔术师将控制电路内置，集合了通信模块、控制模块、电动机驱动模块等其他模块。机械臂机身下半部左右对称放置两个带减速器的步进电动机，分别用来控制大臂和小臂的运动。步进电动机前端连接的圆柱是减速器，它的作用是对电动机起到减速提升扭矩的作用，同时可以对机械臂实现精确控制。虽然这两个电动机处于同一个位置，但是由于大臂和小臂之间的连杆结构，使得其中一个电动机可以控制离电动机较远的小臂，这样设计可以减轻机械臂上的负载，有利于提高精度、降低成本。

Dobot 魔术师机械臂的净重（机械臂与控制器）为 3.4 kg，有效荷重为 500 g，最大伸展距离为 320 mm，重复定位精度为 0.2 mm。其具体机械参数和行程范围如图 7-1 所示。

Dobot 魔术师机械臂具备 13 个拓展接口，分布在机械臂的两个部位，分别是小臂上方和机械臂底座侧面。小臂上方共有 6 个接口，主要是为不同的套件提供电源或信号输出。机械臂所配套的末端配件都有对应序号的标识，只需要正确安装就可以正常使用。底座侧面除了 6 个用来连接气泵、挤出机和传感器等其他设备的扩展接口外，还有一个电源接口、一个与 PC 通信的 USB 接口、一个通信接口。通信接口主要是连接蓝牙和 WiFi 等模块。除上述接口外，还有两个按键，分别是复位键（Reset）和功能键（Key）。复位键的功能就是复位，清除缓存在机械臂里面的指令，回到初始状态。功能键是用来设置脱机工作的，只要长按 2 s 就可以进行脱机工作。

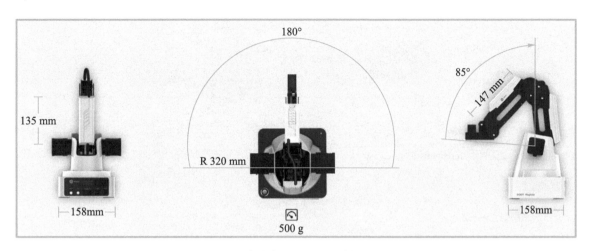

图 7-1　Dobot魔术师机械臂机械参数和行程范围

此外，小臂上部的前端有一个手持示教的解锁按钮，机械臂上电后，通过按住解锁键就可以将机械臂移动到可以到达的任意位置进行示教操作。

Dobot 魔术师机械臂在 Ubuntu 系统中可以使用 ROS 来编程控制机械臂执行相应的动作。在 ROS 下建立两个节点或程序包，第一个节点负责连接 Dobot 机械臂，作为一个服务器。第二个节点通过调用服务接收需要发布的动作参数信息，并向控制板发送数据，控制机械臂实现既定的动作。例如用 ROS 包中的节点程序 DobotServer.cpp 启动 Dobot 机械臂的服务器，然后通过运行 DobotClient_PTP.cpp 等节点程序来启动一个客户端，在客户端发布相关的动作信息到服务器，机械臂基于系统反馈，捕捉相应的信息，调用相关服务实现动作。常用的节点程序有回零程序 Dobothome.cpp、获取实时位姿程序 getpose.cpp 等。通过对特定功能模块的服务进行解读，了解服务所需要设置或读取的参数，从而控制机械臂完成特定的功能。

7.1.2　控制方案

移动机械臂的特点是在工作空间内自动导航到目标点，然后进行目标物体的抓取和放置，图 7-2 就是基于该种特点设计的控制方案。

首先，启动移动机械臂使其运动到放置物体的台子前（pose1 位置处），此时物体已进入机械臂可以抓取的范围，移动小车停止并等待，Dobot 机械臂开始按照既定的轨迹方式抓取物体，抓取后回到设定的点等待；然后小车在构建好的地图中进行自动导航，移动过程中机械臂的姿态保持不变，移动到放置物体的台子前（pose2 位置处），小车停止，机械臂根据台子所处的位置坐标，进行物体放置，放置完成后回到设定的点，之后小车再回到起点停止。

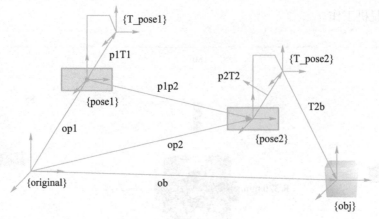

图 7-2　移动机械臂控制方案

7.2 ROS 视觉

7.2.1　使用 Kinect 传感器查看 3D 环境中的对象

Kinect 传感器是一个扁平的盒子，其下方是一个可活动的平台，能够固定在桌子上或者架子上。这个设备上面有三种传感器能够完成视觉和机器人任务：

● 一个彩色 VGA 视频摄像头用来查看彩色世界。

● 一个深度传感器、一个红外色斑投影仪和一个单色 CMOS 传感器配合工作，获取物体的深度信息并转换为 3D 数据。

● 用于分离使用者的声音和室内噪声的多阵列麦克风。

在 ROS 中，将使用 RGB 摄像头和深度传感器，而在最新版本的 ROS 中甚至能够用到三种传感器。

在开始使用之前，需要安装功能包和驱动。使用下面的命令行来安装。

```
$sudo apt-get install ROS-kinetic-openni-camera ROS-kinetic-openni-launch
$ROSstack proflie &&ROSpack proflie
```

一旦安装完成，插入 Kinect 传感器，就能运行节点并开始使用它。在命令行中，启动 ROScore。在另外一个命令行窗口中运行下面命令：

```
$ROSrun openni_camera openni_node
$ROSlaunch openni_launch openni.launch
```

7.2.2 如何发送和查看 Kinect 数据

现在尝试一下使用这些节点能够做些什么样的事情。使用以下命令列出已创建的主题：

```
$ROStopic list
```

然后，会看到很多主题，但是最重要的就是下面这几个：

```
...
/camera/rgb/image_color
/camera/rgb/image_mono
/camera/rgb/image_raw
/camera/rgb/image_rect

/camera/rgb/image_rect_color
...
```

可以看到节点创建了很多主题。如果想要查看某一个传感器，例如 RDB 摄像头，可以使用主题 /camera/rgb/image_color。要查看从传感器获取的图像，将会使用 image_view 功能包。在一个命令行窗口中运行以下指令：

```
$ROSlaunch image_view image_view image:=/camera/rgb/image_color
```

会看到如图 7- 3 所示的图像。

图 7- 3   视觉显示图像

如果想查看消息的具体字段，能够使用 ROStopic type/topic_name | ROSsg show。
如果想实现此类数据的可视化，那么在一个新的命令行窗口中运行 RViz，并添加一个新的 PointCloud2 数据可视化工具：

```
$ROSrun RViz RViz
```

单击 Add 按钮，按显示类型订阅主题，并选择 PointCloud2。在添加 PointCloud2 显示类型时，必须选择 camera/depth/poins 主题。如果在传感器前面移动，将会看到自己在 3D 环境中移动，如图 7- 4 所示。

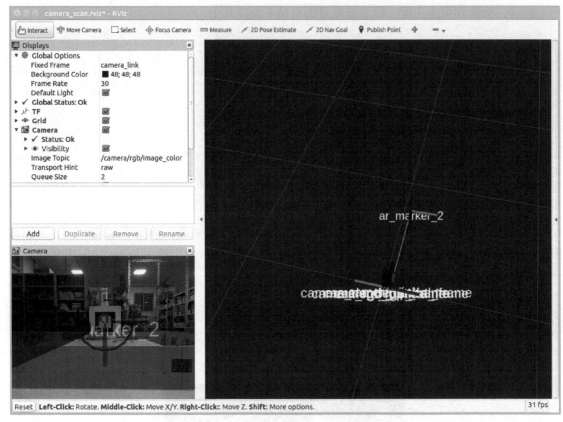

图 7-4　视觉中移动

7.2.3　创建使用 Kinect 的示例

现在，将会使用一段程序来实现一个节点，它过滤来自 Kinect 传感器的数据。这个节点将会应用过滤来减小原始数据中的数量，从而减少采样的数据。

在 chapter4_tutorials/src 文件夹下创建一个新文件 c4-example3.cpp，并输入下面的代码段：

```cpp
#include <ROS/ROS.h>
#include <sensor_msgs/PointCloud2.h>
// PCL specific includes
```

```
#include <pcl_conversions/pcl_conversions.h>
#include <pcl/point_cloud.h>
#include <pcl/point_types.h>
#include <pcl/filters/voxel_grid.h>
#include <pcl/io/pcd_io.h>

ROS::Publisher pub;
Void cloud_cd (const pcl::PCLPointCloud2ConstPtr& input)
{
    pcl::PCLPointCloud2 cloud_filtered;
    pcl::VoxelGrid<pcl::PCLPointCloud2>sor;
    sor.setInputCloud(input);
    sor.setLeafSize (0.01,0.01,0.01);
    sor.filter (cloud_filtered);
    // Publish the dataSize
    pub.publish (cloud_filtered);
{
int main (int argc,char** argv);
}
    //Initilize ROS
    ROS::init (argc,argv, "my_pcl_tutorial");
    ROS::NodeHandle nh;
    //create a ROS subscriber for the input point cloud
    ROS::Subscriber sub=nh.subscribe ("/camera/depth/points",1,
cloud_cb);
    //Create a ROS publisher for the output point cloud
    pud=nh.advertise<sensor_msgs::PoinCloud2> ("output",1);
    //spin
    ROS::spin ();
    }
```

所有的工作都在 cb（）函数中完成，当收到消息时会调用这个函数。创建一个 VoxelGrid 类型的变量 sor，在 sor.setLeafSize（）中改变网格的大小。这些值会改变用于过滤器的网格参数。当增加这些值，会获得更低的分辨率和更少的点。

```
cloud_cb (const sensor_msgs::PointCloud2ConstPtr& input)
```

```
{
...
    pcl::VoxelGrid<sensor_msgs::PointCLoud2> sor
    ...
    sor.setLeafSize(0.01f,0.01f,0.01f);
...
}
```

当运行一个新的节点来打开 RViz 时，将会在窗口中看到新的点云展示，会容易发现分频率比原有的数据低了不少，如图 7-5 所示。

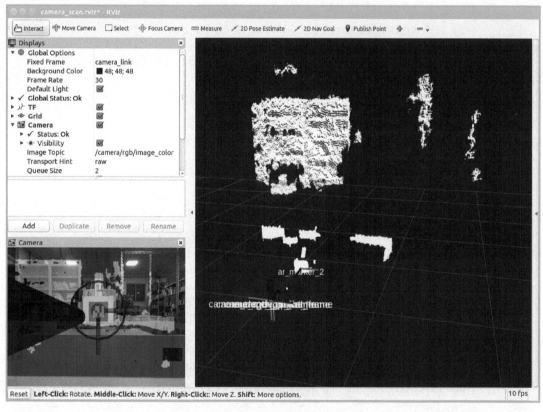

图 7-5   点云数据展示

在 RViz 中，能够看到一个消息中包含的点数量。对于原始数据，能看到点的数量是 219 075。而新的点云中，数量只有 16 981，可见数据有极大的减少。

7.1 节中对 ROS 控制移动机械臂的方案进行了描述，本节中对该方案进行具体的实现。

移动机械臂主要分为两个部分：移动机器人和机械臂，其中移动机器人进行定位，机械臂负责抓取和放置物体，因此移动机械臂的控制也就从这两个部分着手。

移动机械臂的工作方式为：先由移动机器人运动到指定点 A，由机械臂抓取物体到达安全位置，然后移动机器人再运动到指定点 B，机械臂将物体放到目标位置。在整个运动过程中需要在移动机器人和机械臂之间进行数据交互，用来判断移动机器人的位置到达以及机械臂的运动等。

7.3.1 定位

当移动机器人到达指定点后，停止运动，在这一过程中需要获取机器人在到达目标点后的定位信息和状态信息，用来判断机器人的运动是否停止，这两类信息可以通过订阅主题来获取数据，定位信息的主题为"/amcl_pose"，其数据类型为"geometry_msgs/PoseWithCovarianceStamped"；状态信息的主题为"/move_base/status"，其数据类型为"actionlib_msgs/GoalStatusArray"。其中使用定位位置信息而不使用目标位置信息，是因为机器人在运动过程中使用概率定位方式，因此定位位置与目标位置之间会存在一定的差距，如果使用目标位置有可能使机械臂的末端到达不了目标物体。当移动机器人到达目标点后通过反馈消息 Dobot.msg 发送机器人的位置，到达完成。Dobot.msg 的格式如下所示：

```
geometry_msgs/PoseStamped pose
string Flag
int32 Flag1
```

其中，gometry_msgs/PoseStamped pose 表示移动机器人的定位位置；string Flag 表示机械臂的拾取动作；Flag1 表示移动机器人的到达标志位，当为 1 时表示机器人到达目标位置并停止运动，为 0 时表示机器人正在运动，并未到达目标位置。

7.3.2 导航

在导航过程中，移动机械臂从位置 A 移动到位置 B，当到达位置 A 时将物体抓取，到达 B 位置后，将物体放置。移动机器人从位置 A 到位置 B 的过程中，需要通过导航包进行路径规划，并控制机器人的运动，具体的配置过程可以参考第六章中导航包的配置。

在配置完导航包之后，需要通过发送目标点位置点让移动机器人沿规划路线进行运动，具体的实现过程如下。

（1）加载必要的头文件：

```cpp
#include "ROS/ROS.h"
#include "move_base_msgs/MoveBaseAction.h"//define the object of
move_base_action
#include "actionlib/client/simple_action_client.h"
#include "navigation_example/Dobot.h"
#include "iostream"
#include "string.h"
using namespace std;
typedef actionlib::SimpleActionClient<move_base_msgs::MoveBaseAction>
MoveBaseClient;
// 建立 Dobot 指针,用来读取机械臂的状态及末端位置
navigation_example::Dobot::ConstPtr MSG=boost::make_shared<navigation_
example::Dobot>();
// 通过回调函数读取移动机器人的当前位置
    void MoveBaseCallback(const navigation_example::Dobot::ConstPtr
&msg)
    {
      MSG=msg;
    }
```

（2）在 main 函数中进行数据处理：

```cpp
int main(int argc, char *argv[])
{
// 初始化 send_goal1 节点
    ROS::init(argc,argv,"send_goal1");
    ROS::NodeHandle nh;
// 定义发布函数 goal_pub, 发布移动机器人的目标位置
    ROS::Publisher
  goal_pub=nh.advertise<move_base_msgs::MoveBaseActionGoal>("sending_
pose",1);
  /* 定义订阅函数 Flag,通过回调函数 MoveBaseCallback 从"/Dobotpose"主题上订阅
Dobot 机器人的末端位置 */
    ROS::Subscriber FLAG=nh.subscribe("/Dobotpose",1,MoveBaseCallback);
    double x_pose,y_pose;int i;string judge;
    bool first_button;
    cout<<"please input first button"<<endl;
    cin>>first_button;
```

```
// 定义移动机器人发送的目标位置的消息，用于给移动机器人发送目标位置
    move_base_msgs::MoveBaseGoal goal;
// 定义移动机器人的发送目标位置的消息，用于给后续程序发送移动机器人的目标位置
    move_base_msgs::MoveBaseActionGoal goal_send;
    goal.target_pose.header.frame_id="map";
    MoveBaseClient ac("move_base",true);
    ROS_INFO("waiting for service!");
    ac.waitForServer(ROS::Duration(60));
    ROS_INFO("connect to server");
    while(ROS::ok())
    {
// 当 first_button 为 1 时，启动发送目标位置的服务
        if(first_button==1)
        {
         ROS_INFO("please input the goals: x_pose, y_pose and judge");
            std::cin>>x_pose>>y_pose>>judge;
          ROS_INFO("the x_pose and y_pose are: %f, %f",x_pose,y_pose);
            goal.target_pose.header.stamp=ROS::Time::now();
            goal_send.goal_id.id=judge;
            goal.target_pose.pose.position.x=x_pose;
            goal.target_pose.pose.position.y=y_pose;
            goal.target_pose.pose.orientation.w=1;
            ac.sendGoal(goal);
            goal_send.goal.target_pose.pose.position.x=x_pose;
            goal_send.goal.target_pose.pose.position.y=y_pose;
            goal_send.goal.target_pose.pose.orientation.w=1;
            goal_pub.publish(goal_send);
            ROS_INFO("sending goal");
            ROS::spinOnce();
            first_button=0;
        }
// 当移动机器人的 Flag 标志位为"down"或"up"时，表示已经到达了目标位置附近，
// 给目标位置进行赋值
        else
if(MSG->Flag=="down"||MSG->Flag=="up"&&MSG->Flag1!=0&&ROS::
Duration(0.1).sleep())
        {
            ROS_INFO("please input the goals: x_pose, y_pose and judge");
```

```
            std::cin>>x_pose>>y_pose>>judge;
            ROS_INFO("the x_pose and y_pose are: %f, %f",x_pose,y_pose);
          goal.target_pose.header.stamp=ROS::Time::now();
          goal_send.goal_id.id=judge;
          goal.target_pose.pose.position.x=x_pose;
          goal.target_pose.pose.position.y=y_pose;
          goal.target_pose.pose.orientation.w=1;
          ac.sendGoal(goal);
          //goal_send.goal.target_pose.header.stamp=ROS::Time::now();
          goal_send.goal.target_pose.pose.position.x=x_pose;
          goal_send.goal.target_pose.pose.position.y=y_pose;
          goal_send.goal.target_pose.pose.orientation.w=1;
          goal_pub.publish(goal_send);
          ROS_INFO("sending goal");
      }
    ROS::Duration(0.1).sleep();
    ROS::spinOnce();
    }
// 服务器等待结果,等待时间设置为100s
          ac.waitForResult(ROS::Duration(100));
          if(ac.getState()==actionlib::SimpleClientGoalState::SUCCEEDED)
          {
              ROS_INFO("success :)");
          }
          else
          {
              ROS_INFO("failed to send goal :(");
          }
          return 0;
    }
```

7.3.3 机械臂的移动

当移动机器人到达目标位置时，需要通过转换矩阵将物体在全局坐标系中的坐标转换到机械臂所在的坐标系中，如图7-2所示，original是全局坐标系的原点，pose1为移动机械臂的位置1，从该位置抓取物体，然后到位置2（pose2），它们都以全局坐标系为参考，然后将物体放置在目标位置obj。

由于拾放的动作是在机械臂的坐标系中实现的，因此需要将物体从全局坐标系中变换到机械臂的坐标系中。假设物体在全局坐标系中的坐标为 P_{obj}，移动机器人在全局坐标系中的坐标为 P_{pose}，机械臂的原点在全局坐标系中的位置为 P_o，机械臂末端在机械臂坐标系中的位置 P_{Tpose}。它们之间的关系如下所示：

$$T_{obj} = T_p * {}^pT_{obj}$$

T_{obj} 表示物体在全局坐标系中的齐次坐标转换矩阵，T_{obj} 表示如下

$$T_{obj} = \begin{bmatrix} E & P_{obj} \\ [\ 0\ ] & 1 \end{bmatrix}$$

T_p 表示机械臂的原点在全局坐标系中的齐次坐标转换矩阵，T_p 表示如下：

$$T_p = \begin{bmatrix} R & P_o \\ [\ 0\ ] & 1 \end{bmatrix}$$

其中，R 表示机械臂在全局坐标系中的旋转矩阵。

${}^pT_{obj}$ 表示物体在机械臂原点坐标系中的齐次坐标系转换矩阵，它为最终要求得的矩阵。通过对上式进行矩阵运算，可以得到 ${}^pT_{obj}$，结果如下：

$$^pT_{obj} = T_p^{-1}T_{obj}$$

在进行计算之后，将末端位置通过 Dobot.msg 发送给 Dobot 中，并由 Dobot 机器人订阅，实现物体的抓取。结合 7.2.1 的移动机器人的定位，其整个动作的实现如下

1. 加载必要的头文件

```
#include "ROS/ROS.h"
#include "iostream"
#include <geometry_msgs/PoseWithCovarianceStamped.h>
#include <move_base_msgs/MoveBaseActionResult.h>
#include <actionlib_msgs/GoalStatusArray.h>
#include "move_base_msgs/MoveBaseAction.h"//define the object of
move_base_action
#include "actionlib/client/simple_action_client.h"
#include <eigen3/Eigen/Eigen>
#include <navigation_example/Dobot.h>
using namespace std;
```

2. 创建 node_test 类，便于后续的调用

```
class node_test
{
private:
Eigen::Matrix4d ObjectTransform,move_transformer;
Eigen::Matrix3d Qua_to_Rotate;
// 创建读取移动机器人位置和方向坐标值的指针,确定机械臂原点在全局坐标系中的位
置和方向
```

```
geometry_msgs::PoseWithCovarianceStamped::Ptr Move_pose=boost::
make_shared<geometry_msgs::PoseWithCovariance Stamped>();
    // 创建读取小车目标位置的指针,用来判断小车是否到达目标位置附近
    move_base_msgs::MoveBaseActionGoal::Ptr move_base_Goal=boost::make_
shared<move_base_msgs::MoveBaseActionGoal>();
    // 创建读取小车运动状态的指针,用来判断小车是否停止运动
    actionlib_msgs::GoalStatusArray::Ptr Resultptr=boost::make_
shared<actionlib_msgs::GoalStatusArray>();
    public:
    // 创建全局变量,用来读取小车的位置和方向以及物体在全局坐标系中的位置
    double
    move_x,move_y,move_QangleX,move_QangleY,move_QangleZ,move_QangleW,
object_x,object_y,object_z;
    // 创建读取 Dobot 末端执行器坐标值的变量,让 Dobot 的末端执行器到达物体上方进
行物体的抓取。
    navigation_example::Dobot::Ptr
    Dobot_pose=boost::make_shared<navigation_example::
Dobot>();int flag;
    // 建立回调函数,通过该回调函数判断和读取目标位置的数值
    void movePosestatusCallback(const actionlib_msgs::
GoalStatusArray::Ptr &resultptr)
    {
    ROS::Publisher
Dobot_pose_pub=nh.advertise<navigation_example::Dobot>("Dobotpose",1);
    if(!resultptr->status_list.empty())
    {
    if(abs(Move_pose->pose.pose.position.x-move_base_Goal->goal.
target_pose.pose.position.x)<1&&
        abs(Move_pose->pose.pose.position.y-move_base_Goal->goal.
target_pose.pose.position.y)<1&&
        resultptr->status_list[0].status==3&&resultptr->status_
list[0].status!=1)
        {
        // 得到基座的方向和位置
        move_x=Move_pose->pose.pose.position.x;
        move_y=Move_pose->pose.pose.position.y;
        move_QangleX=Move_pose->pose.pose.orientation.x;
        move_QangleY=Move_pose->pose.pose.orientation.y;
```

```
            move_QangleZ=Move_pose->pose.pose.orientation.z;
            move_QangleW=Move_pose->pose.pose.orientation.w;
            Eigen::Quaterniond
move_Q(move_QangleW,move_QangleX,move_QangleY,move_QangleZ);//the
module of move_Q is move_Q(w,x,y,z)
            Qua_to_Rotate=move_Q.matrix();
            double move_z;
```
// 从服务器中读取 Dobot 原点在基座上的高度
```
            ROS::param::get("~move_z",move_z);//Height of the Dobot's
original
            ROS_INFO("the height of objects is %f", move_z);
            Eigen::Vector3d l_0(move_x,move_y,move_z);
```
// 从服务器中读取物体 x 坐标值
```
            ROS::param::get("~object_x",object_x);
```
// 从服务器中读取物体 y 坐标值
```
            ROS::param::get("~object_y",object_y);
```
// 从服务器中读取物体 z 坐标值
```
            ROS::param::get("~object_z",object_z);
            cout<<"the coordinate of the object is :"<<endl<<object_x<<",
"<<object_y<<" ,"<<object_z<<endl;
```
// 建立物体在全局坐标系中的齐次坐标转换矩阵
```
        ObjectTransform << 1,0,0,object_x,//object_x defines the x
component of the object
            0,1,0,object_y,// object _y defines the y component
    of the object
            0,0,1,object_z,// object _z defines the z component of
    the object
            0,0,0,1;
```
// 机械臂原点坐标系在全局坐标系中的齐次坐标转换矩阵
```
            move_transformer << Qua_to_Rotate,l_0,0,0,0,1;
```
// 计算物体在机械臂原点坐标系中的转换矩阵
```
            move_transformer=move_transformer.inverse()*
ObjectTransform;
```
// 如果到达了目标位置附近就将 flag 置为 1, 如果还在运行中就置为 0
```
            flag=1;
            Dobot_pose->pose.header.seq=1;
            Dobot_pose->pose.pose.position.x=move_transformer(0,3);
            Dobot_pose->pose.pose.position.y=move_transformer(1,3);
```

7.3 移动机械臂的控制

```
          Dobot_pose->pose.pose.position.z=move_transformer(2,3);
          Dobot_pose->Flag=move_base_Goal->goal_id.id;
          }
          else
          {
           flag=0;
    // 如果未到达目标点,则将 Flag 标志位置为 "running"
          Dobot_pose->Flag="running";
          }
          }
          Dobot_pose->Flag1=flag;
    // 发送 Dobot_pose 消息
          Dobot_pose_pub.publish(Dobot_pose);
          ROS::spin();
    }
    // 创建 moveBasePoseCallback 回调函数,用于读取之前发送的移动
    // 机器人的目标位置
    void moveBasePoseCallback(const move_base_msgs::MoveBaseActionGoal::
Ptr &Move_base_goal)//subscribe sending goal
      {
       move_base_Goal=Move_base_goal;
      }
    // 创建 moveResultCallback 回调函数,用于读取移动机器人的位置信息
       void moveResultCallback(const geometry_msgs::PoseWithCovariance-
Stamped::Ptr &move_pose)//subscribe pose and deal with it to Dobot_pose
      {
       Move_pose=move_pose;
      }
    };
```

3. 在主函数中进行调用上述的回调函数并进行结果处理

```
    int main(int argc, char *argv[])
    {
      ROS::init(argc, argv, "muti_nodes_test1");
      ROS::NodeHandle MoveResult;node_test l;
      ROS::Subscriber
pose_sending=MoveResult.subscribe("/sending_pose",1,&node_test::move-
BasePoseCallback,&l);
```

```
        ROS::Subscriber
movePosestatus=MoveResult.subscribe("/move_base/status",1,&node_
test::movePosestatusCallback,&l);
        ROS::Subscriber
moveBasePose=MoveResult.subscribe("/amcl_pose",1,&node_test::moveRe-
sultCallback,&l);
        while(ROS::ok())
        {
        ROS::spinOnce();
        }
    }
```

在到达目标点之后需要将 Dobot.msg 消息发送给 Dobot 机械臂，用于实现物体的拾放和抓取，其实现过程如下：

```
    #include "ROS/ROS.h"
    #include "std_msgs/String.h"
    #include "navigation_example/Dobot.h"
    #include "iostream"
    using namespace std;
    int i;
    navigation_example::Dobot::ConstPtr
MSG=boost::make_shared<navigation_example::Dobot>();
    navigation_example::Dobot::Ptr DobotPOSE;
    void chatterCallback(const navigation_example::Dobot::Ptr& msg)
    {
      ROS::NodeHandle nodehanle;
      ROS::Rate loop_rate(10);
      if (i<=1&&(msg->Flag=="down"||msg->Flag=="up"))
      {
    // 通过 "Dobotpose1" 主题发送 Dobot.msg 消息到 Dobot 机器人的末端执行
    // 器上
      ROS::Publisher
Dobot_pose=nodehanle.advertise<navigation_example::Dobot>("Dobot-
pose1",1);
      DobotPOSE=msg;
      cout<<"DobotPOSE"<<endl<<*DobotPOSE<<endl;
      Dobot_pose.publish(*DobotPOSE);
      loop_rate.sleep();
```

```
  i++;
  ROS::spin();
  }
  else if(msg->Flag=="running")
  {
  i=0;
  }
}
int main(int argc, char **argv)
{
 ROS::init(argc, argv, "Dobot_receive");
 ROS::NodeHandle nh;
 ROS::Subscriber sub=nh.subscribe("/Dobotpose", 1, chatterCallback);
 while(ROS::ok())
 {
  ROS::spinOnce();
 }
 return 0;
}
```

在将上述文件程序文件编写完成之后，需要编写 cmakelist.txt 文件对以上文件进行配置。由于移动机械臂的实现程序是基于 C++ 程序进行编写的，并且在对程序的处理过程中涉及 python 的应用。同时在程序编写中应用了其他的包文件，例如 move_base_msgs，std_msgs，geometry_msgs，action_lib，actionlib_msgs 等，为了使它们其中的消息能生成相应的头文件，还需要添加 genmsg 以及 message_generation 包，语句如下：

```
find_package(catkin REQUIRED COMPONENTS
  ROScpp
  ROSpy
  actionlib
  move_base_msgs
  std_msgs
  geometry_msgs
  actionlib_msgs
  genmsg
  message_generation
)
```

为了将移动机器人的定位和状态信息传送给 Dobot 机器人，需要在 cmakelist 文件中添加 message 文件，语句如下：

```
add_message_files(
FILES
Dobot.msg
)
```

将相应的 msg 生成的消息头文件, 语句如下:

```
generate_messages(
 DEPENDENCIES
 std_msgs
 geometry_msgs
 move_base_msgs
 actionlib_msgs
)
```

生成 cmake 文件, 语句如下:

```
catkin_package(
CATKIN_DEPENDS
message_runtime
)
```

在添加完上述语句之后, 还需要将需要的 C++ 文件添加到 cmakelist.txt 文件中, 语句如下:

```
add_executable(muti_nodes_test1
 src/muti_nodes_test1.cpp
)
add_dependencies(muti_nodes_test1 ${${PROJECT_NAME}_EXPORTED_
TARGETS} ${catkin_EXPORTED_TARGETS})
 target_link_libraries(muti_nodes_test1
 ${catkin_LIBRARIES}
)
add_executable(send_goal1
 src/send_goal1.cpp
)
add_dependencies(send_goal1 ${${PROJECT_NAME}_EXPORTED_TARGETS}
${catkin_EXPORTED_TARGETS})
 target_link_libraries(send_goal1
 ${catkin_LIBRARIES}
)
```

7.3 *移动机械臂的控制*

```
add_executable(Dobot_receive
  src/Dobot_receive.cpp
)
add_dependencies(Dobot_receive ${${PROJECT_NAME}_EXPORTED_
TARGETS} ${catkin_EXPORTED_TARGETS})
target_link_libraries(Dobot_receive
  ${catkin_LIBRARIES}
)
```

由于在 package.xml 文件中需要添加了相应的包文件，因此在 package.xml 文件中需要添加对应的包文件名，用来显示整个机器人系统的系统包结构，语句如下：

```
<buildtool_depend>catkin</buildtool_depend>
  <build_depend>message_generation</build_depend>
  <build_depend>ROScpp</build_depend>
  <build_depend>ROSpy</build_depend>
  <build_depend>std_msgs</build_depend>
  <build_depend>geometry_msgs</build_depend>
  <build_depend>message_runtime</build_depend>
  <run_depend>ROScpp</run_depend>
  <run_depend>ROSpy</run_depend>
  <run_depend>std_msgs</run_depend>
  <run_depend>message_runtime</run_depend>
  <run_depend>geometry_msgs</run_depend>
```

其中，第一句指定了包文件的编译系统 catkin，后面的语句则指定了包文件的构建依赖包和运行依赖包。

7.3.4 物体的拾取与放置

Dobot 机械臂拾取放置在台子上的物体时，需要经过三个点位：初始点、中间点和目标点。这三个点位都是在机械臂的坐标系中表示。在 pose1 位置拾取物体时，为了便于动作以及防止碰撞，先由初始点到达中间点，然后再由中间点到达目标点拾取物体，在拾取动作完成后，由目标点回到中间点，然后由中间点再回到初始点。而在 pose2 位置放置物体时，也经历同样的动作流程，只是将拾取动作改为放置的动作。

Dobot 魔术师机械臂编写了许多功能多样的 API 接口，要实现物体抓取与放置必须调用 API 接口。当物体处于机械臂的拾取范围内时，机械臂控制器调用连续轨迹（CP）功能 API，设置连续功能参数并执行连续轨迹功能，使机械臂末端从初始点经过中间点运动到目标点，然后调用末端执行器吸盘（SuctionCup）的 API，设置吸盘输出，拾取物体。之后再次调用连续轨迹功能 API，使机械臂从目标点移动到中间点，再由中间点回到初始点。而放置物体时，重复同样的动作流程，只是在机械臂运动到目标点放置物体时，设置吸盘输出，放置物体。

调用 API 接口开发应用程序的流程如图 7-6 所示。

具体开发过程应包含以下内容：

（1）在不同语言中，可以创建一个定时器或者线程以固定时间间隔调用周期指令。

（2）与机械臂建立连接，判断返回类型是否有错误，如有错误则处理错误。

（3）设置大臂和小臂的初始位置参数、指令超时参数、末端类型参数等参数。

（4）调用相关服务，发送指令完成动作。

在调用 Dobot API 时，需要注意其中的 GetPose 函数。这个函数可以在任意位置调用，以便立即获得机械臂最新的状态。下面就以 Dobot 魔术师机械臂末端安装吸盘，从一个点吸取物体，移动到另一个点放置物体的客户端程序为例，解析相应程序，具体如下：

首先，除添加必要的头文件，还需添加相应服务的头文件，即由编译系统自动根据之前创建的 srv 文件生成对应该 srv 文件的头文件。

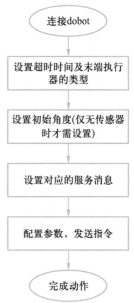

图 7-6 调用 API 接口开发应用程序的流程

```
#include  "Dobot/SetCmdTimeout.h"
#include  "Dobot/SetEndEffectorSuctionCup.h"
#include  "Dobot/SetCPParams.h"
#include  "Dobot/GetCPParams.h"
#include  "Dobot/SetCPCmd.h"
```

声明一个由 ROS 编译系统自动生成的 service 类，并实例化这个类，然后给这个类的 request 成员变量赋值。而这里的一个 service 类包含两个成员 request 和 response。

```
ROS::ServiceClient client;
client=n.serviceClient<Dobot::SetCmdTimeout>("/DobotServer/
SetCmdTimeout");
Dobot::SetCmdTimeout srv1;
srv1.request.timeout=3000;   // 设置指令超时时间为 3 000ms
```

service 的调用是阻塞（调用时占用进程阻止其他代码的执行），一旦调用完成，将返回调用结果。如果 service 调用成功，call（ ）函数将返回 true，srv.response 中的值将是合法的值。如果调用失败，call（ ）函数将返回 false，srv.response 中的值将是非法的。

```
if (client.call(srv1)==false)
{
  ROS_ERROR("Failed to call SetCmdTimeout. Maybe DobotServer isn't
started yet!");
    return -1;
}
```

设置连续轨迹功能参数。实例化 SetCPParams 服务类，并对其成员变量进行赋值，最后进行 service 的调用。

```
Client=n.serviceClient<Dobot::SetCPParams>("/DobotServer/
SetCPParams");
  Dobot::SetCPParams srv2;
  srv2.request.planAcc=100; //设置规划加速度最大值
  srv2.request.junctionVel=20; //设置角速度最大值
  srv2.request.acc=80; //设置实际加速度最大值,非实时模式下使用
  srv2.request.realTimeTrack=0; //设置模式,0表示非实时模式;1表示实时
                               //模式
  client.call(srv2); //客户端调用服务
```

执行连续轨迹功能。实例化 SetCPCmd 服务类，并对其成员变量进行赋值，最后进行 service 调用：

```
Client=n.serviceClient<Dobot::SetCPCmd>("/DobotServer/SetCPCmd");
  Dobot::SetCPCmd  srv3;
  do{
  srv3.request.cpMode=1;   //设置 CP 模式,0表示相对模式;
                           // 1表示绝对模式
  srv3.request.x=100;   //设置 x 坐标增量或 x 轴坐标
  srv3.request.y=0;  //设置 y 坐标增量或 y 轴坐标
  srv3.request.z=0;  //设置 z 坐标增量或 z 轴坐标
  srv3.request.velocity=50;   //设置运行速度
  client.call(srv3);
  if (srv3.response.result==0)
  {
  break;   //判断服务响应结果,如果为0,则终止程序执行,不为0,则向下执行
  }
  ROS::pinOnce();   //进行一次消息回调函数的调用
  }while(0);
```

设置末端吸盘吸取的参数。实例化 SetEndEffectorSuctionCup 服务参数，并对其成员变量进行赋值，然后进行 service 调用：

```
Client=n.serviceClient<Dobot::SetEndEffectorSuctionCup>
("/DobotServer/SetEn, EffectorSuctionCup");
Dobot::SetEndEffectorSuctionCup srv4;
srv4.request.enableCtrl=1;  //设置是否为使能控制
srv4.request.suck=1;   //设置吸盘吸放,1表示吸合;0表示释放
client.call(srv4);
```

再次执行连续轨迹功能：

```
Client=n.serviceClient<Dobot::SetCPCmd>("/DobotServer/SetCPCmd");
Dobot::SetCPCmd  srv5;
do{
 srv5.request.cpMode=1;
 srv5.request.x=100;
 srv5.request.y=80;
 srv5.request.z=0;
 srv5.request.velocity=50;
 client.call(srv5);
 if (srv5.response.result==0)
 {
   break;
 }
 ROS::spinOnce();
}while(0);
```

设置末端吸盘释放参数：

```
Client=n.serviceClient<Dobot::SetEndEffectorSuctionCup>
("/DobotServer/SetEndEffectorSuctionCup");
Dobot::SetEndEffectorSuctionCup srv6;
srv6.request.enableCtrl=1;
srv6.request.suck=0;
client.call(srv6);

ROS::spinOnce();   //再次进行一次消息回调函数的调用
return 0;
}
```

编写完成 Dobot 运动控制程序后，还需要修改相应的 CMakeLists.txt 文件，即需要在 CMakeLists.txt 文件中加入如下内容：

加入相关的服务文件。

```
##  Generate service in the 'srv' folder
add_service_files(
FILES
SetCmdTimeout.srv
SetEndEffectorSuctionCup.srv
SetCPParams.srv
SetCPCmd.srv
)
```

通过 add_executable 命令添加可执行的目标到生成程序，生成 cpmove 的可执行文件。

```
add_executable(cpmove  src/cpmove.cpp)
```

为可执行文件 cpmove 指定需要链接的库文件。

```
target_link_libraries(cpmove  ${catkin_LIBRARIES})
```

添加生成可执行文件 cpmove 依赖的其他文件 Dobot_gencpp，确保在编译目标之前，依赖的其他文件已被构建。

```
add_dependencies(cpmove  Dobot_gencpp)
```

添加完成后，在终端进行编译，即可运行 Dobot 运动控制程序。

```
String A;
Int B
Void callback1(string a)
{A=a;}
Void callback2(int b)
{B=b}
Bool judge()
{if(A="up")
{
   Cout<<B<<endl;
Return true;
}
Else
{cout<<"ERROR"<<endl;
```

```
Return false;}
Int main()
{ROS::init();
ROS::nodehandle Nh;
Nh.subscribe(topic1,callback1);
Nh.subscribe(topic2,callback2);
judge();
}
```

［1］刘锦涛，张瑞雷．ROS 机器人程序设计［M］．北京：机械工业出版社，2017.

［2］摩根·奎格利，布莱恩·格克．ROS 机器人编程实践［M］．北京：机械工业出版社，2018.

［3］刘锦涛，张瑞雷．ROS 机器人高效编程［M］．北京：机械工业出版社，2017.

［4］周兴社．机器人操作系统 ROS 原理与应用［M］．北京：机械工业出版社，2017.

［5］张建伟，张立伟，胡颖，张俊．开源机器人操作系统：ROS［M］．北京：科学出版社，2012.

［6］阿尼尔·马哈塔尼．ROS 高效机器人编程［M］．南京：东南大学出版社，2017.

［7］何炳蔚．基于 ROS 的机器人理论与应用［M］．北京：科学出版社，2017.

［8］周兴社，杨刚，王岚．机器人操作系统 ROS 原理与应用［M］．北京：机械工业出版社，2017.

读者意见反馈

为收集对教材的意见建议,进一步完善教材编写并做好服务工作,读者可将对本教材的意见建议通过如下渠道反馈至我社。

咨询电话　400-810-0598

反馈邮箱　gjdzfwb@pub.hep.cn

通信地址　北京市朝阳区惠新东街 4 号富盛大厦 1 座
　　　　　　高等教育出版社总编辑办公室

邮政编码　100029